按所想的去生活

水木淼森 编著

中国华侨出版社

图书在版编目（CIP）数据

你要按所想的去生活／水木淼淼编著. —北京：
中国华侨出版社，2016.4
ISBN 978-7-5113-6025-0

Ⅰ.①你… Ⅱ.①水… Ⅲ.①成功心理—青年读物
Ⅳ.①B848.4-49

中国版本图书馆 CIP 数据核字（2016）第 066914 号

你要按所想的去生活

编　　著／水木淼淼
责任编辑／严晓慧
责任校对／孙　丽
封面设计／尚世视觉
经　　销／新华书店
开　　本／880 毫米×1230 毫米　1/32　印张／9.5　字数／186 千字
印　　刷／北京毅峰迅捷印刷有限公司
版　　次／2016 年 7 月第 1 版　2016 年 7 月第 1 次印刷
书　　号／ISBN 978-7-5113-6025-0
定　　价／32.00 元

中国华侨出版社　北京市朝阳区静安里 26 号通成达大厦 3 层　邮编：100028
法律顾问：陈鹰律师事务所
编辑部：（010）64443056　64443979
发行部：（010）64443051　传真：（010）64439708
网　　址：www.oveaschin.com
E - mail：oveaschin@sina.com

自序
过想要的生活，是人生最大的快乐

我不是一个才华横溢的人，但绝对是一个时刻努力着让才华撑得起内心的人。

《你只是看起来很任性》出版后，受到广泛关注，令我倍感欣慰。辞职外出闯的涛涛（化名）读过那本书，特意跟我交流了整整一上午，谈了他追求梦想道路上的一些体会。我给予了他一些鼓励，事后将鼓励他的话整理了一下，写出了《你只是看起来很任性》的姐妹篇——《你要按所想的去生活》。

每个人都会有自己的梦想，都有自己渴望的生活方式。年轻朋友接触社会的面越来越大，接触到各种各样的生活方式，对自己欣赏和喜欢的生活方式产生的向往也越来越强烈。

当你有这种想法时，我就忍不住给你"点赞"。因为，这是你梦想的起端，是你为自己努力奋斗的原始起点——你已经意识到自己想过怎样的生活了。虽然很多人后来由于各种各样的原因，想过的生活离自己越来越远，以致慢慢遗忘，但这并不是意味着你不能拥有你想要的生活。只要你有坚定的志向，只要你坚持去实现自己的梦想，只要你足够努力，你就一定能过上想要的生活。

在20世纪80年代，我上小学时喜欢听广播剧，并逐渐知道了一个词——作家。这无疑是神圣的。到90年代，我进入中学后，一个偶然的机遇，我看了《三国演义》和《平凡的世界》，并如饥似渴地读了多次，甚至导致学习成绩下降也毫不在意。此时，写作梦想的种子悄悄落入了我的心田：我也要写书，我也要当作家。

既然想过那种生活，那就行动吧！虽然那时我的梦想是秘而不宣，但我的努力从没少过。我开始努力地看各种书，努力地写好作文，虽然语文成绩不是很理想，作文分数不出众，但我一直在暗暗努力写好作文，偶尔有感写几句今天看来狗屁都算不上的诗。写的那些东西，从来没发表过，也很少获得夸奖，但我一直在坚持着。

如今，作家梦对我来说不再神秘，出书已经不再是什么奢望的事，但我依然为能写出读者更喜欢的书而努力着。对比当年的梦想，部分梦想已实现，但部分梦想依旧还需要继续奋斗。不过，我的生活状态的确是当年期望的。这一点，我很欣慰。毕竟我过着当年期望的生活，我干着自己喜欢的行业和工作。

　　年轻人有梦想，想过自己渴望的生活，是非常正常的，也是非常值得肯定的。但是，过上想要的生活，却不是那么容易的事，是需要磨炼的，是需要历经坎坷的，也是需要较长时间考验的。否则，想过自己渴望的生活也只能成为一个曾经的梦想而已。这是我的人生体验，也是我写作本书的原动力。

　　对年轻人，我向来是欣赏并持鼓励态度的。在写完《你只是看起来很任性》后，为了进一步鼓励涛涛等有梦想的年轻人，我又写了《你要按所想的去生活》，分享一下我的切身体验——过想要的生活，是人生最大的快乐。

水木淼森

2016 年 3 月

目录
CONTENTS

第一章

没人能代替你成长，你才是自己人生的主角

没人能替你成长，你才是自己人生的主角 / 002

在模式化人生里，永远没有你期待的幸福 / 008

别人的标准永远衡量不出你的真正价值 / 013

为了世界上唯一的一个你，你必须活得骄傲 / 017

你活出了自己的价值，才算得上真正成长过 / 022

你自己都不积极去争取，没有人会替你主动 / 027

你要尽早告别依赖，因为别人无法永远推动你前进 / 031

别人的意见很重要，但你的主见更重要 / 034

责任是成熟的标志，谁也替代不了你成熟 / 040

思考是变强大的第一步，你不动脑筋谁替得了 / 044

第二章

人生必须活出自己的模样，哪怕是历经沧桑

任何人都希望自己一生过得精彩，你也一样 / 050

你要做的是，把每一天当作最后一天来过 / 053

生活需要简单，你可以过自己喜欢的生活 / 057

你的选择决定你的未来，你的经历决定你的人生 / 061

生活没有谁对谁错，只有值得不值得 / 065

不要管来时怎么样，你追求的是芬芳 / 069

痛的另一面是进步，没经历痛的青春体味不到人生 / 073

和喜欢的一切在一起，你付出多少都值得 / 078

人生必须活出自己的模样，哪怕是历经沧桑 / 082

第三章

每个人都有无限潜能，你说自己行就一定能行

每个人都有无限潜能，你的能量超出你的想象 / 088

自信是释放潜能的金钥匙，你坚信自己就成功了一半 / 093

暗示自己能做得更好，你将真的会变得优秀起来 / 097

提高对自己的期望，你有目标就不会感到迷惘 / 102

别跟自己的天性对着干，你的潜能跟别人不一样 / 106

别迷失在别人的成就里，你要将自己的特长转化成优势 / 110

用积极的心态去唤醒你身上沉睡的宝藏 / 114

让自己更杰出，在平淡无奇的生命中开发金矿 / 118

人生最重要的事就是发掘自己的潜力 / 121

第四章
你能干什么，决定你将成为什么样的人

真正的欣赏是对有能力者的认同 / 126

没有任何一夜成名是奇迹，都是努力得来的 / 130

你是谁不重要，重要的是你能干什么 / 135

你要想想，自己凭什么能过上想要的生活 / 140

只要你足够努力，你也会创造奇迹 / 144

你爱上了学习，你的将来就充满了希望 / 149

你能干什么，决定你将成为什么样的人 / 153

你的能力足够强时，机会才会垂青你 / 158

你要想活得无可替代，先要拿点"绝活"出来 / 162

你要用一生的学习去成就自己 / 167

第五章

过想要的生活，优秀的你必须将自己推销出去

独立与人交往，你才能获得你所需要的 / 174

信任别人是一种自信，收获信任是一种幸福 / 178

与人为善是播种友好的好习惯 / 182

积极参加团队活动可以引导你走向成功 / 187

帮助别人就是采取另一种方式帮助自己 / 192

将赞美当作一种习惯，你能获得更多认同 / 196

敞开你的心扉，把自己融入真正的友谊中去 / 200

倾听是一种让你收获颇丰的美德 / 204

你做出的任何承诺都是影响你未来的信誉 / 208

宽容能让你与他人相处变得轻松起来 / 212

第六章
做最优秀的自己，让不良习惯远离你

任意放纵自己，那是对自己的未来不负责 / 218

诱惑背后隐藏着"毒蛇"，你要守得住底线 / 221

懒惰是失败的温床，你越勤快就离成功越近 / 225

攀比会让你在追求梦想的道路上迷失 / 230

拒绝拖延习惯，原地踏步就是浪费时间 / 234

与其追求完美，你不如延展自己的优势 / 238

不愿意分享的人，你永远无法借助他人的力量 / 242

抱怨是自寻烦恼，接受不完美才能处处完美 / 246

你不想羡慕别人一辈子，就果断地告别胆怯 / 250

心中有怕，你将逼不出一个优秀的自己 / 254

第七章

要按所想的去生活，你唯有奋斗再奋斗

期待的生活不会因为你有梦想就自动实现 / 260

成功开始于你的想法，圆梦取决于你的行动 / 264

你今天的奋斗正在创造着你美好的未来 / 267

舍得让自己吃苦，你才能过上理想的生活 / 271

你的奋斗是唯一能让你站稳脚跟的依靠 / 274

奋斗过的人才配得上上天给的奖赏 / 278

你必须真正努力，才能过上想要的生活 / 281

没有谁能给你所想的生活，也没有谁能拦得住你的努力 / 285

第一章
没人能代替你成长，
你才是自己人生的主角

这个世上是没有人可以替你成长的。你是自己人生的主角，你的幸福，你的人生价值，你想要的生活，你的主见，你的责任，你的思考等，都需要依靠你自己。你要做的，就是尽快活成真正的自我，成为自己人生的主宰。

没人能替你成长，你才是自己人生的主角

这个世上是没有人可以替你成长的。要想成为自己人生的主角，就得不断努力去养成独立自主的意识和品格，在实际生活中独立地去思考和行动，你才会活得越来越是你自己。

有亲戚朋友帮忙，有父母给你提供良好的发展平台，那是值得庆幸的，但这不是你永久的依靠，你的人生最终还是得靠自己去经营。叶子飞得再高也会落下来，因为它靠的是风的力量。你是你自己的人生主人，你要向内而生，从自己的内在去挖掘自己的能量，来帮助自己去获取成长；而不要把成长的希望寄托在别人身上，希望父母帮你包办一切，希望朋友为你两肋插刀。如果你对自己的人生抱有这样的态度，你的人生终将与成长无关。

你要有你的人生，你要有你的成长，你首先要想到独立，借助他人提供的协助，而不是去依靠。如果你没意识到这一点，你将会变得不够独立。而不够独立，过度依赖，则会成为

你的致命伤。

或许，你认为站在前人的肩膀上坐享其成是理所当然的，父母提供的各种条件也有可能供养你一辈子，他人提供的庇护也有可能让你一辈子衣食无忧。但是，我很不给面子地告诉你：那是一种错误的想法，是一种害你一生的想法，有这种想法要尽快将其放弃。

阿斗，刘禅这个人，想必你知道吧？刘备一世英雄，从衣不遮体、食不果腹的卖草鞋的贩子奋斗成三分天下的蜀国皇帝，给刘禅留下的江山和财产，能供养他一辈子吧？能让他一辈子衣食无忧吧？阿斗就是这样想的。他无心向学，反应愚钝，不可教导，以致败坏了刘备的千秋大业，最终从一国皇帝变成乐不思蜀的囚徒。至今，大家还用"扶不起的阿斗"作为对无能之辈的一种谴责和感叹。

阿斗不思故业，败掉先辈的江山还没有丝毫悲伤。其根源在于什么？在于他对先辈过于依赖，始终没有真正成长起来，没有成为自己人生的主角。于是，刘备、诸葛亮等人在世时，他能够过上逍遥的生活，在刘备、诸葛亮等人不在世时，他只能败坏家业，成为敌人的囚徒。

阿斗的悲剧，归根结底就是过度依赖他人的悲剧。我们现在的年轻人，虽然没条件和机会去复制阿斗的悲剧，但不代表过度依赖他人就不是悲剧，不代表他们就可以过度依赖他人。

因为那同样是悲哀的，毕竟你过度依赖别人就成不了自己的主角，在大家提起你时，你永远是谁谁谁的谁，而不是你本人的名字。

　　自古以来，很多人都在意做自己人生的主角。在他们有足够条件依赖父母或者他人时，他们却坚决拒绝依赖，必须依靠自己去取得事业上的成就，让人怀着尊崇提到他本人的名字，而不是"谁谁谁的谁"。例如，法国著名作家小仲马在出名前，就刻意隐瞒他是大仲马的儿子。有人对此不解，他却对人说："要是靠我的父亲大仲马而成名，我宁愿默默无闻。"

　　更多的是，有些人开始也很依赖他人，但在历经成长后，明白了要做自己人生主角的道理，最终努力成就了自己的事业或者过上了自己理想的生活。例如，苏轼在经历"冯唐易老，李广难封"的困境后，终于明白要依靠自己，不能空等他人的赏识。于是，他"会挽雕弓如满月，西北望，射天狼"！李白曾"举杯邀明月，对影成三人"。失意后，他依靠自己，"且放白鹿青崖间，须行即骑访名山"。

　　成长过程就是从依赖他人到慢慢走向独立的过程。在这一过程中，有人过上了理想的生活，成为自己人生的主角，有的却没有。这是什么原因呢？因为依靠别人或事物而不能自立或自给，久而久之也会成瘾。就像日常生活中对烟、酒、茶、咖啡的嗜好，原因都因为对这些物质产生了依赖性。依赖思想不仅会使人丧失独立生活的能力和精神，还会使人缺乏生活的责任感，造成人格上的缺陷，只想过不劳而获的生活，贪图享受，就不能适应社会生活，甚至危害社会和他人。

什么原因导致一个人不够独立，过度依赖，总是把人生的成长寄希望于他人呢？原因很多，但和家庭环境、家庭教育的关系尤其密切。由于家长在孩子青少年时代对其过分宠爱，过分照顾，就使孩子在成长过程中丧失了独立办事的能力，形成了依赖心理，养成了依赖习惯。生活中最典型的是，孩子长期饭来张口、衣来伸手，就是造成他们依赖他人上瘾的重要诱因。

当然，依赖他人是成长过程中不可避免的，但也是可以逐渐摆脱的。你要按所想的去生活，要想成为自己人生的主角，就要逐步成长起来，逐步克服掉依赖他人的习惯，最终能独立生活，独立自主地经营自己的人生。具体的，你可以分析一下自己要做的事情中哪些应当依靠别人，哪些应由自己决定，努力做到能依靠自己的就不要麻烦别人，将别人的意见当参考而自己拿主见。这样，你将会逐渐自觉地减少习惯性依赖心理，自己拿出正确主见。决定有益的业余爱好，安排和制订自己的工作和学习计划等，都能给你逐步摆脱依赖他人非常好的锻炼。

成为自己人生的主角，增强自信心非常重要。没有自信心，你是无论如何都没法真正摆脱依赖心理的。有依赖心理的人几乎百分之百地缺乏自信。某些人童年时期受的教育有阴影，父母、长辈、朋友等不给他做主的机会，或者经常说"你真笨，什么也不会做"、"瞧你笨手笨脚的，让我来帮你做"等，导致他养成了被动听从指挥的习惯。长大之后，身边的同事、领导有时也会对他的工作提出批评和否定，他就更缺乏自信了，不得不乖乖地做一个听话者，人家怎么说就怎么做，依赖"一棵大树"小心翼翼地过日子。事实上，这种人只要摆正心态，给予足够的自信，他们会惊奇地发现"我原来并不比别人笨"，"我原来也可以活得如此精彩"。

依赖他人就是认为自己太弱。要想成为自己人生的主角，不仅要有自信心，还要树立奋发自强的精神，想办法让自己变得强大起来。温室中长不出参天大树。

当今社会是开放竞争的社会，每个人都要在激烈的竞争中求生存谋发展。每个人都要调整自己的心态，适应时代变革，在激烈竞争中摔打自己，勇敢地面对困难和挫折，让自己变得强大起来。

当然，依赖他人还有一点就是心理上的依赖，人格上的不独立。因此，你要想成为自己人生的主角，还需要培养独立的人格。每个人都需要别人的帮助，但是接受别人的帮助也必须发挥自己的主观能动性。很难设想，一个把自己的命运寄托在他人身上，时时事事靠别人指点才能过日子的人，会有什么大的作为。德国诗人歌德曾说过："谁若不能主宰自己，谁就永远是一个奴隶。"你不想成为奴隶，想成为主人，就必须人格独立，从灵魂上成为自己的主宰。

　　社会竞争激烈，生存世界很残酷。摆脱依赖他人，做自己人生的主角，是成长的需要，也是一个痛苦的过程。但是，这是必要的。因为这个世上是没有人可以替你成长的。要想成为自己人生的主角，就得不断努力去养成独立自主的意识和品格，在实际生活中独立地去思考和行动，你才会活得越来越是你自己。

在模式化人生里，永远没有你期待的幸福

在慢慢走向社会后，要记住你才是自己人生的主角，要记住幸福没有模式化，模式化他人也没有幸福可言。你就是你，你的人生是独一无二的。你要实现自己独特的人生价值，唯有靠自己去开创、去拥有；你要实现自己的梦想，唯有靠自己去努力、去奋斗；你要想过上自己理想的生活，唯有靠自己的双手去争取；你要拥抱自己的幸福，唯有靠自己去寻找和体验。

在日常工作和生活中，我们会遇到很多模式化的东西。

比如，在公司里，我们要做一份 PPT 时，可以套上某种固定的模板，再稍微润色一下，就可以完美转化成你需要的东西。

比如，要写作公文，那更有很多的模式可以提供给你来借鉴参考，你还必须得根据一定的固定模式，才能写出符合要求的文章。

又比如，你想要在某个领域内创业，也有很多商业模式可

以供你借鉴。只要你有独到的眼光和思考，那么你运作某种商业模式，也很可能会为你的事业带来成功。

但是，如果你就此类推世界上所有事情都有固定模式，那你就大错特错了。为什么呢？因为在你身上就明显存在着一种没有模式化可以套用的东西。这种东西就是你期待的生活。

或许，你不相信这一点，说我期待的生活就是幸福的生活，难道幸福的生活没有模式化可套用吗？

还真的没有！

人人都在追求幸福。人人都不想悲惨地度过自己的一生。没有人拒绝幸福，每个人都渴望幸福。但是，幸福是什么？幸福是一种内心的感受。每个人对世界的感受不一样，决定了每个人对幸福的理解都不相同。正因为如此，每个人追求幸福的方式和途径也不同。因此可见，幸福是没法参考别人的。

有的人家财万贯，想吃什么随时可以有什么，但他的家庭整天只知道吵吵闹闹，导致他一点都感觉不到幸福；有的人虽然租着一个低矮平房，大鱼大肉也就是过年过节才能满足地吃上一回，穿的衣服也是"缝缝补补好多年"，但他们对生活没有什么过多的欲望，很容易满足，觉得一家人每天平平安安、快快乐乐的就够了，小日子也过得非常幸福，甚至令人羡慕。

所以，你看，幸福有一定的标准和模式吗？住着豪华别墅享受着奢华生活的那些人，是多少人羡慕的。但他们一定是最幸福的吗？拥有数亿资产还有数不清的股票、房产的那些人，别人可能会很钦佩他们的能力，但他们一定是最幸福的吗？那个三口之家住在一间只有二十几平方米，都不怎么转得开身的小房子里，就一定是不幸福的吗？那个背着包，一边打工一边旅行的青年人，就一定是你眼中的不幸吗？不一定的。

一切都不是必然的。你不能光看到你肉眼能够看到的表面现象。幸福是一种关乎情感和心灵的东西。幸福有时是需要你闭上眼睛静静聆听、慢慢体悟的。它也许像一阵轻风一样一晃而过，也许如流水般潺潺流动。它不是静止的，但却动得缓慢舒适，让静心的你可以感知甚至是触摸。

如果你是一名大学老师，你可能会觉得要一步一步评上副教授，再评上教授，你的人生才可以拥有你想要的幸福。你认为作为大学教师这是非常正常的道路，只有这样走你才可以得到通你想要的幸福。但这只是社会标准的模式化成功与幸福，抑或仅仅是你心中给自己定下的一种模式。换一个人或者换一种环境，你这种原本认为完美无缺的幸福模式会被残酷地否决掉。

幸福没有模式化，模式化的东西也同样没有幸福。

很多人喜欢看成功人士的传记，喜欢崇拜成功人士，于是不自觉地去模仿他们，以为自己通过一定努力也会取得他们那样的成功，获得他们那样的幸福。这种忽视自我主体的做法，这种去套他人成功模式的做法，是不可能获得成功的，更不可能获得幸福的。

例如，某著名电视节目女主持人在很多人眼里是成功的，是幸福的。她事业和家庭双丰收：她靠着自己的不懈奋斗，在多个领域都获得了成功。有一个爱她的老公，也有自己爱的孩子，有一个美好的家庭。但是，如果每个女人去套用主持人的人生模式，最终注定是成功不了的，幸福不了的。

因为我们没有她那样的智商，没有她那样的机会，没有那样的人脉，即使全部条件都一模一样，哪个女人能保证自己的丈夫、孩子以及家人与人家的一模一样呢？哪个女人能保证获得同样的成功和幸福呢？根本不可能的。

道理是很简单的。爱迪生小时孵化鸡蛋，最终成为超级发明家。现在，你让任何一个小孩模式化爱迪生孵化鸡蛋，你看看能不能成才？苹果砸在牛顿头上，牛顿最终发现了万有引力，成为举世闻名的物理学家。想模式化牛顿的人，拿着苹果往自己头上砸一砸，看能不能砸出什么智慧出来，看能不能砸出什么家出来？

所以，在慢慢走向社会后，要记住你才是自己人生的主角，要记住幸福没有模式化，模式化他人也没有幸福可言。你就是你，你的人生是独一无二的。你要实现自己独特的人生价值，唯有靠自己去开创、去拥有；你要实现自己的梦想，唯有靠自己去努力、去奋斗；你要想过上自己理想的生活，唯有靠自己的双手去争取；你要拥抱自己的幸福，唯有靠自己去寻找和体验。幸福不在模式化中，模式化的人生里，永远没有你要的幸福。

别人的标准永远衡量不出你的真正价值

人生的道路千姿百态，有的欢乐，有的痛苦，有的富有，有的贫穷。为什么会呈现如此不同的形态呢？那是因为各人对人生的认识和理解不同的缘故，你头脑里认为人生怎样才算真正实现价值，你的人生就会呈现出怎样的价值，与别人的标准无关。

前面我说了，你就是你，你的人生是独一无二的。你或许很迷茫，我就是我，我的人生是独一无二的。但是，相比社会其他人而言，我也没看出我独一无二在哪里啊？

你出现这样疑惑，实属正常。但是，这说明你在认识自己价值方面还有不清楚的地方。

一般的世俗会认为：人的官衔显赫、财富多少才是衡量人生价值的标准。但，这是他人眼中的衡量标准，是衡量不出你真正价值的。

你应该知道，许多伟人的人生价值都不在于他们得到了多大的官位，创造了多少的物质财富，而在于奉献。一个生命的存在如果给社会、给他人带来了和谐和快乐，就证明实现了生命存在的价值，也就实现了人生的价值。每个生命的存在都是独一无二的，因而你的价值也应该是独一无二的。

人的价值是个很深奥的话题。一个人的人生价值是人生观体系中的一个重要内容，是价值"具体"在人生观领域中表现。在一定意义上，人生的价值就是人生的意义，它与你的人生目标、人生态度和人生实践息息相关。我们要探索生命的真正价值，就必须去努力追求自我本身的价值。而生与死，安与危，乐与苦，常常是用来检验人生价值观的。

真正的价值并不在人生的舞台上，而在我们扮演的角色中。生命的价值，正是在跑好自己承担的这一里程中体现出来的。所以，人生价值最重要衡量的标准并不是别人的目光，而是自己的人生态度和生命追求。

如果你还对我讲的不深入理解的话，我接下来给你讲一个故事，帮助你理解一下人生价值的深层次含义。

邓稼先是中国的"原子弹之父"。在研究原子弹初期，没有外援可以依靠，对于制造原子弹，国内更是一片空白，自主研制原子弹，谈何容易。邓稼先负责主持这项科研工作，足见压在他肩膀上的担子有多沉重。

不过，邓稼先一心要实现为祖国服务的人生价值，不怕艰难困苦，带着相关工作人员全身心投入工作。通过刻苦钻研，邓稼先终于找到了突破方向——他决定从中子物理，流体力学，高温高压下物质性质三个方向作为研究的主攻方向。

1961年，经过整整三年计算，邓稼先带领的研究人员最终敲开了原子弹设计的大门，原子弹的蓝图基本成型。

接下来，邓稼先迅速组成三个组分别攻关。研究人员开始进入一个齐头并进的繁忙期。那时没有电脑，他们不得不手工计算，用算盘、计算尺、手摇计算机，甚至用纸和笔来计算着人们难以想象的大量数字。他们算完的纸一扎扎、一捆捆地装在麻袋里，堆满了屋子。每一个数值都要反复核对，确保准确无误。一个关键数据算一遍要有上万个网点，每个网点要解开五六个方程式，其中的困难和艰苦可想而知。

这期间，他们曾遇到一个前所未有的难题。苏联专家以前随口说出的一个关键数值，而后来经过计算得出的结果和苏联专家说的并不符合。

邓稼先带领大家反复演算了9遍，演算纸从地面都堆到了房顶。最终证实苏联专家的数值是错误的。后来，著名科学家华罗庚评价这次计算是"集世界数学难题之大成"的一次计算。

1964年10月，中国的第一颗原子弹按照邓稼先他们的设计，顺利地在沙漠腹地爆炸了，中国从此步入核大国时代。在邓稼先的带领下，1967 年 6 月 17 日，中国又顺利爆炸了第一颗氢弹。

邓稼先因成功研制原子弹和氢弹获得特等奖之后，很多人问邓稼先研究两弹得了多少奖金。邓稼先夫妇回答他，奖金是原子弹十元，氢弹十元。花了那么多的时间和精力，拿到了特等奖，却只有二十元的奖金，要是用现代人世俗的目光去看，这样一位战功赫赫的人物也许也是不成功的吧！

卢梭曾说："人的价值是由自己决定的。"并不是由外界的环境来判定的；亚里士多德又曾言："人生最终的价值在于觉醒和思考的能力，而不只在于生存。"生命是自己的，生命也是美的，这种美常常让人感动；生命是寂寞的，这种寂寞往往让人同情，一颗对所有生灵都怀着虔诚和敬畏的心，才是真正的博大、宽容和仁慈。有些东西需要抱紧不放，但有些东西确实该毅然放下，因为有时得到正是失去，而放下却是另一种得到。

明白抱与放，得与失的关系，才是彻悟人生，才能将自己从人性的枷锁里解放出来。人生的道路千姿百态，有的欢乐，有的痛苦，有的富有，有的贫穷。为什么会呈现如此不同的形态呢？那是因为各人对人生的认识和理解不同的缘故，你头脑里认为人生怎样才算真正实现价值，你的人生就会呈现出怎样的价值，与别人的标准无关。因为你的人生最终是你的，你的价值是独特的。

为了世界上唯一的一个你，你必须活得骄傲

事实上，每一个人的生命基因都是不同的，每个人的人生经历也各不相同，上帝好像在每个人的身上都贴了一个标签，告诉世界，世界上只有唯一一个你。所以，你理应轰轰烈烈地活，活出你的骄傲，活出你的精彩。

你的人生最终是你自己的，你的价值是独特的，别人看不懂，也无法评论是非。这一切都源于世界上只有唯一一个你。

对，世界上只有唯一一个你。即使真的有人与你长得一模一样，或者就是你的同胞孪生兄弟姐妹，但你依然是唯一的你，那个像你的人始终是他（她）自己。

为什么呢？世界上没有两片完全相同的树叶，仔细辨别，每一片树叶都有自己独特的形状、颜色和其他的特征。它们都有各自的个性特点，它们觉得自己都是这个世界上独一无二的存在。所以在树枝上时，它们会尽情地仰起头，表现出最精彩的自我。哪怕到了秋天，树叶们开始枯黄掉落，它们也会在掉

落的过程中尽情地展示自己的舞姿，表现出独一无二的生命美感，给世界留下最最精彩的生命印象。

树叶只不过是大自然万物当中极其普通的一种。大自然万事万物无不都是这样，没有完完全全相同的两个生命体。所以，无论是动物还是植物，它们都认为自己是唯一的存在，都在活着的每一瞬间，活出骄傲的自我。

那我们人类呢？人类作为大自然界主宰万物的生命，作为一种更为高级的存在，更应该感觉到自己是独一无二的。事实上，每一个人的生命基因都是不同的，每个人的人生经历也各不相同，上帝好像在每个人的身上都贴了一个标签，告诉世界，你是世界上的唯一。所以，你理应轰轰烈烈地活，活出你的骄傲，活出你的精彩。

或许，你环顾四周之后，会笑着对我说，那只不过是一个理想，对我的一种激励吧！

是的，你这话却不一定完全正确。我们周边不缺乏卑微而又苟且地活着的人。这些人总是觉得自己是不如别人的，总是拿自己身上的不足去与别人身上的优势对比，总拿自己平凡普通的事迹跟别人光鲜亮丽的形象去对比。在对比中，越发显得自己暗淡无光，越发证明自己的懦弱无能，最终，只能无奈地度过你这平庸的一生。但是，你却不一样。他们不知道自己是世界上唯一的，而你却知道你是世界上唯一的自己，无人可以替代的。

正因为你才是自己人生的主角，我要告诉你，你不能像那些人一样。你完全可以骄傲地活着，至少你的内心要让自己有这种骄傲的感觉。你仰起了头，才有人来仰视你。如果你一直低着头沉默不语，别人就真的会把你当成一个默默无闻不值得对待的人了。也许你身体有残缺，也许你沉默寡言，又或者你觉得身无长技，但你总有你的闪光点，你也有你的精彩。

送你两个小故事，帮你去理解我给你说的上面那段话。

第一个故事是澳大利亚残疾人演说家的故事：

尼克·胡哲出生于澳大利亚的墨尔本。因为罹患罕见的先天性四肢切断症，他没有双臂和双腿，仅有一个带着两个脚指头的小"脚"。这是多么让人难以想象的画面，又是多么让人难以接受的人生。

换了你我等普通人，他这辈子可能就这样完蛋了：就这样的先天资质，你要我活出自己的骄傲，你这不是在开我的玩笑吗？我能够正常地活下来，能够平平安安就谢天谢地了。活得骄傲，还是免了吧！就这样，要想好好活着，那必须活得卑微和低调。

但是，尼克·胡哲却勇于对命运说不！他觉得这正是上帝塑造出来的独一无二的他，他要活出他自己的骄傲。所以，他虽然身体残疾，但平日依然冲浪、游泳、打高尔夫、踢足球……去参加各种正常人都无法完成的活动，去发展自己的爱好。看，就这样，他的人生也活得够精彩了。

不过，尼克·胡哲更精彩的人生还在后面。21岁时，尼克·胡哲大学毕业，拿了商业会计和财务规划双学位——大多健全人都不能轻易拿到的双学位。此后，他又开始了更为精彩的人生，在世界各地发表激励人心的演说，用自己的亲身经历激励学生们积极面对今天、青少年所要面对的挑战。

好一个超人！但是，我认为活得骄傲的，不仅仅是那种超人，普通人也一样能活得骄傲。我接下来给你讲一个你熟悉的故事——平民英雄最美司机吴斌的故事。

吴斌是一名长途客运车司机。长途客运车司机也许是再平凡不过的一个职业，每天握着方向盘行走在不能再熟悉的道路上，还能有什么人生骄傲可言呢？你这样想，那就错了。吴斌却用他的人生经历告诉你——你确实错了。当异物像炮弹横空飞来，砸碎车窗前挡风玻璃，击穿司机腹部，他本能地捂了一下肚子，然后紧紧握着方向盘，强忍剧痛，换挡、刹车、将车缓缓停好，拉上手刹、开启双闪灯，然后站起来，面向乘客说出他最后的话语……以一名职业驾驶员的高度敬业精神，用自己76秒的坚守和生命完成了保证乘客安全的神圣使命和英雄壮举。

吴斌关键时刻的举动，证明了这个世界上唯一的自己，可以活得那么的骄傲！他被重创后的一个个坚强动作，禁不住让人热泪盈眶。这位普通的杭州长运公交司机吴斌，成为人们心目中最伟岸、最可敬、最可爱的人。

在这个世界上，或许你是某领域的知名人士，或许你仅仅是不起眼行业的普普通通的人，但有一点在本质上都是一样的，那就是你是这个世界上唯一的一个你，没有任何一个人可以来取代你的存在。所以，你要明白，活得骄傲不是成功人士的专利，不是高富帅的奢侈品，也不是白富美的小资情调，而是每个自信的人独特价值的福利。无论何时何地，你都应该好好利用好你这一生的生命活得完美、活得骄傲！

你活出了自己的价值，才算得上真正成长过

只有活出自己的价值，你才算得上在这个世界上真实地活过，你的生命才真正地成长过。如果你活得窝窝囊囊的，活得毫无尊严和价值，那么你虽然活着，哪怕再怎么人强马壮，身高马大，那么也仅仅是活着，与成长无关，与人生价值绝缘。

稍微留意你就会发现，这个世界上，有些人活得洒脱，有些人活得郁闷，有些人是节节上升，有些人是原地踏步。虽然每个人都希望过得快快乐乐，虽然每个人都期望一天过得比一天好，但实际情况并非遂人所愿。导致这些一切的原因很多，但最重要也最容易被忽略的就是我们发掘自身的潜力不够。

为什么会这样说呢？因为每个人的人生都是一座藏满各种宝藏的矿山。矿山里面有着各种丰富的资源——有些东西价值连城。有些人没有去激活它们，导致它们如同从来没有；而有些人拿出巨大的力气来将它们——激活，导致它们爆发出令人吃惊的能量，而这些人为自己也为世界创造了巨大价值。

事实上，只有活出自己的价值，你才算得上在这个世界上真实地活过，你的生命才真正地成长过。如果你活得窝窝囊囊的，活得毫无尊严和价值，那么你虽然活着，哪怕再怎么人强马壮，身高马大，那么也仅仅是活着，与成长无关，与人生价值绝缘。而事实上，真正体味到成长滋味的人，都活出了自己的价值。

　　喜欢车的朋友都知道，兰博基尼是一款豪车的牌子。但是，大家并不一定知道，兰博基尼的诞生源于一个造拖拉机的农民，一个通过创造价值真正走向成长之路的人——费鲁乔。

　　费鲁乔是个头脑灵活的农民。早期，他筹钱办拖拉机厂，制造拖拉机非常成功，赚了很多钱，成为意大利最有钱的人之一。

　　他买了一辆法拉利汽车作为代步工具。但是，他似乎运气很不好，法拉利汽车时不时制造点小麻烦，导致他经常隔三岔五地修一次车。开始，他找人修车，但次数多了后，他决定自己修修看。他虽然是个农民出身，但也是个资深的老技工，制造拖拉机的技术是一流的——他认为，汽车的技术与拖拉机的技术总该有几分相似吧！

　　打开车盖后，费鲁乔大吃一惊，因为他发现法拉利用的离合器跟他生产的拖拉机上的那款一模一样。那可是法拉利啊，他花大价钱买的车，怎么能用拖拉机上使用的普通零件呢？于是，费鲁乔一怒之下冲到摩德纳的法拉利总部去投诉。

法拉利公司一贯高傲。这次也不例外，法拉利公司的相关工作人员对费鲁乔说这跟车没关系，问题出在他这个"农民"自己身上。费鲁乔一听气炸了，立马发誓要造出一辆能打败法拉利的车。

费鲁乔买到了"劣质货"，为此讨说法还遭到了羞辱。他决定干出个人样，做出一番成就，让所有人对其价值刮目相看。于是，他苦心研究各类汽车，对比各类汽车的优劣，寻找突破点。后来，费鲁乔造出的车以动力享誉世界的兰博基尼汽车，而且市场直指顶级跑车。

如今，兰博基尼和法拉利在顶级汽车市场激烈竞争着。费鲁乔通过自身的努力，不仅成功地将自己的拖拉机厂转型，还在顶级跑车市场创造出了自己独特的价值，让其企业的品牌价值影响到了全球各地。

在现代社会，我们大多数人不可能复制费鲁乔的成功经验，去创立一个世界顶级品牌，但他身上的那种精神却是我们需要学习的。即每个人都要通过自己的努力，为这个社会创造独特价值，才能活出自己的价值，才能真正成为自己成长的主人，体味到成功的滋味。

YouTube 公司作为当前行业内最为成功、实力最为强大、影响力颇广的在线视频服务提供商。YouTube 的系统每天要处理上千万个视频片段，为全球成千上万的用户提供高水平的视频上传、分发、展示、浏览服务。但是，你可知道，YouTube的创立，源于陈士骏坚持要实现自己独特人生价值的想法。

在创立 YouTube 公司之前，陈士骏在 Facebook 工作过一段时间。当时，Facebook 还只有不到 15 名员工，陈士骏干了几个星期后，认为这地方不适合他，想去创办自己的视频公司。

当初雇用他的 Matt Cohler 就劝他不要走："你在犯一个可怕的错误你知道吗。Facebook 前途无量！而外面已经有一大堆视频网站了。你这么做的话会后悔一辈子的！"

但陈士骏坚信自己的选择，认为做视频网站才是实现其人生价值的最佳途径。于是，陈士骏考虑再三最后决定离开 Facebook，他找到了曾经一起在 PayPal 工作过的查德和朱奥德·卡瑞姆，一起讨论创业的问题。

经过一番讨论和准备，他们一起创办了一个叫 YouTube 的公司，并迅速将这家公司做成了全世界知名的公司。

YouTube 成功的因素固然很多，但与陈士骏坚持要实现独特人生价值、积极拼搏是分不开的。

事实上，社会竞争激烈，生存压力大，这对我们来说，是压力也是动力——客观环境逼迫我们每个人都必须表现得更优秀，促进我们每个人去成长，去活出自己的独特价值。

年轻的你走上社会时，要知道你就是你，没人可以替代你去成长，也没人能替代你的独特价值，只要你活出了自己的价值，你才真正地成长过，你才能体味到成长的滋味。

　　因为，生命的美好之处，就在于不断地成长和学习。停止成长的人生，也就如同枯萎的人生。但是，真正要有成长，一定需要你通过足够的努力，去活出属于你的价值。

你自己都不积极去争取，没有人会替你主动

你的人生，你自己不积极去争取，没有任何人会替你来主动。只有你自己先为你的人生去奋斗，去想方设法地完成你的目标。在这个道路中，说不定会有人来帮你搭一把手，帮助你实现你的目标，但前提是自助。如果自己都要放弃掉自己的人生和梦想，那是没有人来帮你的。

每个人都是自己人生的主人。如果把你的人生比作一艘航船的话，你就是这艘船的掌舵者。这艘船要去向何方，遇到风浪时该如何处置，完全取决于你的安排。你可以选择被动地等待别人来救援，但很有可能在等待的过程中，这艘船就翻了；当然，你也可以积极主动地去应对，来避免风险给自己带来的灾害，去达到自己的人生目的。

在我们实际的生活中，每个人也都有自己渴望到达的彼岸。去争取一个工作的机会，去赢得一场比赛的胜利，去推进一个项目的完成，抑或是去追求一个姑娘的芳心。无论是你人

生中想要达成的哪个目标，你都要靠自己积极主动地去推进、去达成。如若你不思不想不动不做，像等待天上掉馅饼一样，等待着会有别人来帮助你实现，或者那个结果自然而然地就落到你的头上，那就等于是天方夜谭了。

你的人生，你自己不积极去争取，没有任何人会替你来主动。只有你自己先为你的人生去奋斗，去想方设法地完成你的目标。在这个道路中，说不定会有人来帮你搭一把手，帮助你实现你的目标。这就是所谓的"自助者，天助也"。但是前提是自助。如果自己都要放弃掉自己的人生和梦想，那是没有人来帮你的。

以下有这样一个故事：

有个叫郑建伟的人，他出生时就先天性双目失明——这对于一个人来说是多大的一个打击啊！但是，被黑暗包围的他，却始终渴望心灵的明亮，强烈的求知欲从小就占据了他的心。郑建伟一点儿也不悲观消极。他积极主动地挑战自己的人生，通过克服常人难以想象的困难，最终获得了英国某著名大学的录取通知书。

此大学坐落在英国北爱尔兰首府。其教学和科研在国际上享有极高声誉，是英国历史上最悠久的十所大学之一。郑建伟究竟依靠什么本事才考上这样一所学校的呢？

因为情况特殊，郑建伟所在学校的课程和普通中小学不一样。他和同学们从五年级开始学解剖学；到了初中，又开始学习按摩和中医基础理论。普通人从小学就开始学习的英语课，在这里并没有开设。

直到工作三年后，郑建伟萌生出国深造的想法，便辞掉了工作，在家自学英语。学了三年后，他在雅思考试中取得了非常优异的成绩，获得了出国留学的申请资格。

让人难以想象的是，他曾经一个人在为其单独设立的考场里参加雅思考试。他所使用的是一种被转换成适应他生理特点的特殊版本试卷，普通版本只有10页，而他的特殊版本则有厚厚的100页。本来限时3小时的考试，由于他答题方式的特殊，被延长到12小时——从早上9点一直考到晚上9点，监考官都换了好几拨。

一路走来，他遇到的艰难可想而知。特别是在自学英语过程中，有一次，他好不容易找来《新概念英语》第二册后，又四处寻找可以将教材打印为盲文的地方。经多方求助，他联系到重庆图书馆，才算解决了这个问题。

他不仅仅是在考试中这么艰难，在日常生活当中，他也无比艰难，一切完全都是依靠顽强的毅力摸索着走过来的。但是，他积极去改变人生，努力去改变现状，最终自学了英语，考上了国外的名校。

对于一个残疾人而言，生活自理尚属不易，如果没有对人生价值的积极追求，没有对人生永不满足的精神，那么他是很难考上国外名校的。正是因为他并没有像很多人那样满足于安稳，而是有更大的梦想与追求，想到外面的世界去闯一闯，学习国外先进的东西，想学成归国后能够为残疾人多做点事情，并积极主动地战胜困难、战胜自己，让他成为一个真正的强者。

　　一个从小双目失明的人，尚且还为了自己的人生如此积极拼搏，如此不甘平庸，那么作为生理健全的我们呢？对自己目前慵懒的人生状态，我们是不是感到不满和羞愧呢？从现在开始积极起来，让你身上的每一个细胞都充分运动开来，把你身上的全部活力统统都释放出来吧！你的人生，终归由你来经营，你不积极，没有人会替你主动的。

你要尽早告别依赖，因为别人无法永远推动你前进

你躲避不了成长，也无法回避依赖，但你要知道必须要逐步告别依赖，最明智的做法就是尽早告别依赖，尽早独立起来，尽快形成自己的能力，从而在事业上取得成就，实现自己的人生价值。

之前，我看过一则新闻报道。看完之后，我深思了良久，为某些现象深感悲哀。

报道称：一个在父母溺爱下长大的高中学生，学习成绩十分优异，被清华大学录取。到大学以后，他不会到食堂打饭，不会自己洗衣服，过不惯"艰苦"的学校生活。不到半个月，他就跑回家，再也不肯到学校去。父母只好让他退学。

能考上清华大学，学习成绩很优秀，但是他的生活自理能力也太差了。一个十七八岁的孩子，最基本的吃饭、洗衣都不会，这不能不说是悲哀的。

为什么这样说呢？现在很多家庭的生活条件变好了，但教

育、培养孩子的方式方法却出了很大问题。只要求自己的孩子学习成绩好就行了，不需要他们做任何的家务劳动，使得他们在成长过程中本应该逐渐去掉的依赖却丝毫不动留在身上，以致他们的独立自理能力非常弱，真正碰到问题时束手无策。正因为这样，无论孩子在学习方面多么优秀，但是其他事情依赖性强，缺乏独立，那就是成长的失败，当然也是教育的失败了。

孩子对成人有依赖是一种本能，是非常正常的。那是因为孩子缺乏独立生存能力。而随着孩子逐渐长大，将会逐渐学会一些生存技巧，他们对成人的依赖也会逐渐消失。孩子的生存能力从无到有，孩子对成人的依赖从有到无，这都是成长与否、成熟与否的重要标志。通俗地说，就是一个人有没有真正长大，主要看这两方面的能力。

一个成人，还对他人有较明显的依赖或者说过度依赖，这就是不成熟的表现，是尚未完成成长过程的表现。这种人，无论个子多大，无论年龄多大，他本质上还是一个孩子，不仅他体会不到成长的滋味，就连自我人生的主动权都掌握不了。这种人要想取得点功绩，建立一点真正属于自己的成就，不仅很难，还会因为过于依赖他人而造成弥天大祸。例如，三国蜀国的刘禅对于先辈过于依赖最终不成大器，败坏家业。又如，明英宗朱祁镇十分依赖信任王振，最终导致土木堡之变爆发，自己也成为瓦剌人的俘虏。

对我们任何人来说，没人能替代你成长，也没人能被你依赖一辈子。成长是我们人生必须走完的旅程，成长也是逐渐消除对他人依赖的过程。我们躲避不了成长，也无法回避依赖，但我们要知道必须要逐步告别依赖。最明智的做法就是尽早独立起来，尽快形成自己的能力，从而在事业上取得成就，实现自己的人生价值。

天行健，君子以自强不息；地势坤，君子以厚德载物。我们每个人来到这个世界上，都有自己独特的使命，都需要去实现自己独特的价值。但是，我们需要尽快成长起来，要尽早告别依赖，尽早形成独立能力。因为，叶子飞得再高也会落下来——它靠的是风的力量；而我们要想取得成功，归根结底必须依靠自身的力量，别人无法永远推动你前进。

别人的意见很重要，但你的主见更重要

不仅是对父母的意见，对其他任何人的意见，作为一个独立而又成熟的人，你也应该本着为自己人生负责的态度，去独立思考，独自判断，自主决定。

很多人喜欢听话的孩子，但我有时更喜欢不听话的孩子。这并不是我标新立异，而是因为我坚定认为，每个人都是自己人生的主角，孩子也一样，他们有自己对世界和事物的看法。作为大人，看待事情确实比孩子深刻全面，应该给孩子一些指导和扶助，但是这并不是要让孩子"听话"的充分理由。

我这一看法，或许有些异类。中国有句古话，不听老人言，吃亏在眼前。什么意思呢？就是说：作为年长的老人，比你有着更丰富的人生阅历，你即将要走的路，他们都曾经走过了。当你遇到人生问题时，你应该听他们的话，否则就会吃亏的。

这话是有一定道理的。但是，如今社会发展千变万化，你

要将这句话当作真理。那我将要告诉你，这句话就会变成了"净听老人言，吃亏在眼前"。

说出这句话来，我或许面临道德鞭挞，被误认为不尊老。但我这并非不尊老，而是从社会实际客观现状角度说的。过来人的人生经验当然是一种宝贵的资源，他们毫无保留地给我们提供建议，自然可以避免走很多弯路。但是，随着社会环境的变化，即使他们的意见再正确、再万无一失，与你面临的情况也有千差万别。对他们的好言相劝，你只能听，只能作为你决策时候的一个参考，而不能言听计从，不能当作"万能的真理法宝"。如果这样，可能你是要吃亏的。

我有个李姓同学，至今提起他买房的事就后悔不已。而后悔的原因，竟然是他当时没坚持自己的主见，直接听取了他父母的意见，导致他在买房这件事上不仅费神，而且还花费了不少钱。

2008 年时，此前一路高歌的房价出现了下跌趋势。当时，李同学手中有 20 多万，有了买房的打算。他决定在当年就买，但他听其他人说"房价还会下跌的！房子卖得那么贵，老百姓都买不起，没人买，还是会下跌的……"，便暂停了买房计划。

他一直盼望着房价继续下跌，但到了 2009 年后，房价却又开始涨起来了。他开始一直认定为那是"虚假繁荣"，"房价肯定还会跌的"，但到年底，最终忍不住了，决定出手买房。

此时，他去征求父母的意见。他父母的意见是："量力剪裁！一步一步地来！先在县城里买个房，不能太严重地透支未来！"

李同学算了一下，按照当时的房价，在县城买套房需要花个十三四万，再花个五六万装修，手里另外有点余钱以备意外，确实是保险之举。去省城买房的话，留下首付钱和装修的五六万，按照两成首付算，他也能购买总价七八十万的房子，而那个总价在当时能买到100平方米左右的房。不过，这个代价就是，他从此以后要成为房奴，不得不每月支付一笔房贷。老一辈人"一手交钱一手交货"习惯了。如果他按揭买房的话，那么他父母心里将会不踏实。不听老人言，吃亏在眼前。他想了想，就在县城里买房了。

在县城里买房了，他成为有房一族。但是，他在县城里没有固定单位上班，不得不去省城找工作。而此后，中国各地的房价又迅速上涨，县城里在涨，但省城里涨得更快。在省城里租房的李同学，看着在省城里买房的梦想越来越遥远了，后悔不已，最后不得不卖掉在县城里的房子，再去省城里按揭买房。

不过，他在省城里买的房，价格已经比2008年时涨了一大截，按揭贷款利息不仅没有那时的优惠，还上提了几个百分点。他前前后后算了一下，买同样一个小区的同样一套房子，他多花了二十几万。因此，每逢提到这事时，他就后悔当初自己没做主。

谈到这件事，并不是说你可以不在乎父母的看法而为所欲为，而是要告诉你：你是你自己的主人，你对你自己的人生负责，你自己的主见是更加重要的。你的父母或者其他长辈很关心你的人生，都是一片好心，但你有你自己的想法，你有你的梦想。没有人会为你的人生梦想来埋单，除了你自己之外，所以最终的选择应该由你来做主，而不应该随随便便地听从于谁的安排。他人的话，永远只能是你做决断的参考。

不仅是对父母的意见，对其他任何人的意见，作为一个独立而又成熟的人，你也应该本着为自己人生负责的态度，去独立思考，独自判断，自主决定。同样地，在日常工作和生活中，还有无数的小事情，也需要你有独立自主的意识。你不要以为这可有可无。平常小事是培养自己主见的重要历练。唯有你平时每件小事都能拿好主见，你遇到大事时才能够淡定从容，能够拿出主见来。

还有一点需要说的。我们面对自己的日常事时或许很有主见，但遇到某一方面的权威专家时，我们会因为自信心不足，或者因为对方太权威，从而认定他们的话是对的——自己在权威面前那么渺小，自己的想法怎么可能正确呢？

这种想法也是不完全正确的。权威说的话不一定对。权威人士拥有的是某一方面较多的知识，而不是拥有真理。历史上那些真正创造出杰出成就的名人，都是不怕权威，拥有主见的人。

1590年，伽利略在比萨斜塔上做了"两个铁球同时落地"的著名实验，从此推翻了亚里士多德"物体下落速度和重量成比例"的学说，纠正了这个持续了一千多年之久的错误结论，就是一个很好的例子。

洛德·卢瑟福是英国著名核物理学家，因对元素裂变的研究获得1908年诺贝尔物理学奖。他曾断言："由分裂原子而产生能量，是一种无意义的事情。任何企图从原子蜕变中获取能源的人，都是在空谈妄想。"但数年后，用于发电的原子能就问世了。目前原子能已经成为主要的发电新能源。在法国，原子能的利用率甚至已占各种能源的40%。无独有偶，在科学大发现的时代——19世纪，当牛顿发现宇宙定律，伦琴发现X射线后，有科学家曾断言：科学的路已走到头了。以后的科学家的任务就是尽量使实验做得更精确一些。但不久，爱因斯坦就发现"相对论"，给了科学界一个新视野。

那些历史巨人之所以能够创造一个又一个的奇迹，就是因为他们毫不迷信所谓权威的断言，他们依从自己的内心，根据自己的主见，去发现自己新的世界。所以才让科技不断地达到新的高度。

伟大诗人泰戈尔曾说："我决不能劝告你们总是走我的老路！我在你们这个年纪时，也曾把船解开，让它从码头漂出去，迎接狂风暴雨，谁的警告都不听。"那我们呢？我们要有自己的主见，活得像自己，充分尊重真理，不要盲目去顺从老人的意见，去走老人的道路，而是根据实际情况参考老人的意见，作出最符合实际情况和自身利益的决定。

责任是成熟的标志，谁也替代不了你成熟

你要积极勇敢地去承担起属于你的责任来，因为除了你自己之外，没有谁可以代替你去承担你的责任，没有谁可以代替你去获得成熟。

有人说，一个人能承担多大的责任，就能取得多大的成功。我认为，这句话是有道理的。因为，一个敢于承担责任的人，就是一个心理和人格成熟的人，而一个心理和人格都很成熟的人，当然能够更好地处理各种事务，能够离成功更近。

人是在经历很多事情之后才逐渐成熟起来的。但是，并不是说经历的事情多了，人就一定会越成熟。因为这中间存在着思考、体味和领悟。如果你只是作为一个旁观者在观看，没有切身的体会，也没有深入的思考，更没有在事情发展过程中承担起什么，你是很难有真正的收获的，更谈不上成熟了。

一个人真正成熟的人，是会浑身上下散发出一种迷人味道的。这种味道足以吸引很多人相信你、支持你，所以你的成功

也往往变成一件水到渠成的事情。但是，你要积极勇敢地去承担起属于你的责任来，因为除了你自己之外，没有谁可以代替你去承担你的责任，没有谁可以代替你去获得成熟。

在现实生活中，有很多商界英才，有很多杰出人士，他们哪怕并不喜欢所从事的行业，但他们照样取得了辉煌业绩。除了聪颖和勤奋之外，他们究竟靠的是什么呢？靠的就是责任——对工作负责，也对自己负责。

纽约证券公司的金领丽人苏珊在这方面就是我们很好的榜样。

苏珊出身于中国台北的一个音乐世家。她从小就受到了很好的音乐启蒙教育，非常喜欢音乐，期望自己的一生能够驰骋音乐的广阔天地。但是，她阴差阳错地考进了大学的工商管理系。一向认真的她，尽管不喜欢工商管理专业，但还是学得格外刻苦，每学期各科成绩均是优异。毕业时，她被保送到美国麻省理工学院，攻读当时许多学生可望而不可即的 MBA。后来，她又以优异的成绩拿到了经济管理专业博士学位。

如今，苏珊已是美国证券业界风云人物。在被采访时，苏珊依然心存遗憾地说："老实说，至今为止，我仍不喜欢自己所从事的工作。如果能够让我重新选择，我会毫不犹豫地选择音乐。但我知道那只能是一个美好的'假如'了，我只能把手头的工作做好……"

当有人直截了当地问她："既然你不喜欢你的专业，为何你学得那么棒？既然不喜欢眼下的工作，为何你又做得那么优秀？"苏珊眼里闪着自信，十分明确地回答："因为我在那个位置上，那里有我应尽的职责，我必须认真对待。不管喜欢不喜欢，那都是我自己必须面对的，都没有理由草草应付，都必须尽心尽力，尽职尽责，那不仅是对工作负责，也是对自己负责。有责任感可以创造奇迹。"

苏珊的成功事迹确实是责任感创造的奇迹。责任让人充满成熟的味道，让人可以承担更多的工作分量，也就可以获得更多的成就，无论这是不是你真正喜欢的事。

责任感其实不一定是指要承担起多么重大的担子，有时还体现在非常细微的举动之中。例如，20世纪初的一位美国意大利移民叫弗兰克，经过艰苦的积蓄开办了一家小银行。但一次银行抢劫导致了他不平凡的经历。他破了产，储户失去了存款。当他拖着妻子和四个儿女从头开始时，他决定偿还那笔天文数字般的存款。所有人都劝他："你为什么要这样做呢？这件事你是没有责任的。"但他回答："是的，在法律上也许我没有，但在道义上，我有责任，我应该还钱。"正是这种责任，让他成为知名人物，为人类精神历史写下灿烂光辉的一笔。

除此之外，有责任感的人还敢于对自己的过失负责，犯了错就该勇于承担后果，不逃避，也不推卸责任。因为一个有责任心的人就拥有了至高无上的灵魂和坚不可摧的力量；一个有责任心的人在别人心中就如同一座有高度的山，不可逾越，不可挪移。梁启超先生曾说，人生须知负责任的苦处，才能知道有尽责的乐趣。责任有苦，但更能带来快乐。如果渴望成熟与成功，那么，就先做一个有责任心的人吧！

你追求你的梦想，你经营你的人生，需要让自己迅速成熟起来，需要让自己迅速成为一个负责任的人。在日常生活中，你要对自己负责，对亲人负责，对上司负责，对一切你许诺的人负责。这很不容易，但是你成长的必需，也是你成为自己人生主角的必要条件。

思考是变强大的第一步，你不动脑筋谁替得了

越早爱上思考，你将在社会竞争中越有优势。因为思考会让我们更加真实地认识自己，会让我们更加清晰地明确自己目前的处境，也会对所面临的事情有更加准确的分析。当一个人更加真实、清晰和准确时，他也便有了更加强大的力量，可以去面对更加猛烈的暴风雨。

有这样一句话，行成于思毁于随。什么意思呢？其意思是说，真正要在行为上有所成就和建树，很大程度上要依赖于思考的力量。独立思考的重要性已经毋庸置疑。

一个内心真正强大的人，从外表上也许看不出什么来，但他一定是一个善于思考的人。也许他把自己一整天都关在屋子里，不用做任何事情，但他通过认真细致地思考，把整个事情都想得很透彻和明白了。

那些著名的科学家，那些伟大的企业家，他们之所以伟大，很关键的一点，就在于他们善于思考，在于他们爱动脑

筋。尽管他们也许并不一定通过亲手实践去做一些事情，但他们的思考是富有成效的。而相反，有一些人整天看似忙忙碌碌，但从来不会安静下来思考问题，最终他们只是穷忙，没有任何效率可言的"很努力"。因此，这样的人最终难成大器，难有成就。

一个善于思考的人，首先必须是一个独立的人，然后，还必须拥有独立思考的权利，才可以展开独立的思考。伟大作家巴金曾经说过："有些人自己不习惯独立思考，也不习惯别人独立思考，他们把自己装在套子里。"一个把自己装在套子里的人得有多么恐怖啊！这种人仅仅是装作人样的一具尸体而已。

其实，在思考过程中，我们会愈加清晰地认识到，独立思考之于人就像面孔和空气之于人，既是维系一个人存在的精神基础，又是人的基本权利。这其中支撑着思考者的，就是对人之生命的尊重。如果没有独立思考，人该怎么证明自己的存在？人又如何成为人而异于鹦鹉或木偶呢？因为思考是人与物或者其他动物最大最根本的区别。

人类具有思考能力，因而人类不仅能继承前人的经验，还能在前人经验的基础上推陈出新，从而促使自身一步一步向前发展，从低级慢慢向高级进化，虽然这个过程很漫长。

在人类漫长的进化史中，很多善于独立思考的人做出了重大贡献，最终被历史所铭记。这些人用自己的独立思考，维护了自己生命的尊严，证明了自己的存在，同时也为后人提供了宝贵经验和智慧源泉。

公元前200多年，意大利有一位伟大学者叫阿基米德。有一天，国王怀疑自己纯金做的王冠被工匠做过手脚，就把难题交给阿基米德，并要求他不能破坏王冠而检测出王冠是否纯金的。

这可是个难题。阿基米德冥思苦想，最终想出了一个令人信服的办法。他发现不同物体放在溢满的水缸里溢出的水量不同，同重量同品种的东西，即使形状不一样，放到同一个溢满的水缸里溢出的水量却一样。于是，他们取了与王冠同样重的纯金，放进一个溢满的水缸里，也将溢出来的水完全收集起来。然后，他将王冠放进同一个溢满的水缸里，将溢出来的水完全收集起来。他将溢出来的水一比较，王冠是否纯金，就测试出来了。后人将阿基米德发现的规律称为阿基米德原理。

这件事告诉我们，很多规律或者原理的发现，都与人类的思考有着紧密关系。只要我们认真思考，善于思考，很多事情的答案和方法就在我们身边。

不仅事物内在规律或者原理的发现，是因为人类思考的结果，人类的各项发明创造，无不其都是发明者独立思考的结晶。这方面最为明显的，是伽利略发明钟。

1564 年，伽利略生于意大利的比萨城——著名的比萨斜塔旁边。当时，他家已经很穷了。不过，伽利略爱学习，勤思考。17 岁那一年，他考进了比萨大学。在大学里，伽利略不仅努力学习，而且喜欢向老师提出问题。哪怕是人们司空见惯、习以为常的一些现象，他也要打破砂锅问到底，弄个一清二楚。

有一次，他站在比萨的天主教堂里，眼睛盯着天花板，一动也不动。他在干什么呢？原来，他用右手按左手的脉搏，看着天花板上来回摇摆的灯。他发现，这灯的摆动虽然是越来越弱，每一次摆动的距离渐渐缩短，但是，每一次摇摆需要的时间却是一样的。于是，伽利略做了一个适当长度的摆锤，测量了脉搏的速度和均匀度。就这样，他找到了摆的规律。摆钟就是根据他发现的这个规律制造出来的。

除此之外，无论是外国，还是中国，无论是科学界，还是文化界，独立思考者比比皆是。他们不仅用思考证明了自己存在的价值，而且还给社会和人类留下了宝贵的财富。年轻的你，在社会生活中，谈给社会和人类留下了宝贵的财富，显得有些过于"高大上"，不太切合实际，但用思考证明了自己存在的价值，却是非常现实的问题，不思考清楚这个问题，往往会陷入迷惘之中。因为每个人都不可避免地要思考"我是谁""从哪里来""到哪里去"的问题。

年轻的你，越早爱上思考，你将在社会竞争中越有优势。因为思考会让我们更加真实地认识自己，会让我们更加清晰地明确自己目前的处境，也会对所面临的事情有更加准确的分析。当一个人更加真实、清晰和准确时，他也便有了更加强大的力量，可以去面对更加猛烈的暴风雨。如果你还觉得懒得动脑筋没什么问题，那得赶紧醒醒了，让脑神经运动起来吧！你不动脑筋，谁也替代不了。而思考偏偏是你走向强大的第一步。你要成长，你要成为自己人生的主角，你就尽快爱上思考，学会独立思考吧！

第二章
人生必须活出自己的模样，
哪怕是历经沧桑

　　每个人都渴望自己的价值被认同，每个人都渴望自己的人生能出彩。事实上，任何人只要有雄心壮志去追求梦想，有持续行动去实现梦想，其人生就能活出自己的模样，其人生就有出彩的地方。年轻的你，不要迷惘，大胆去追求梦想，不要害怕跌倒受伤，你同样也能出彩，也能赢得掌声和欣赏的目光。

任何人都希望自己一生过得精彩，你也一样

任何人都可以拥有精彩的人生。年轻的你，渴望精彩的人生不会比谁差。但是，你不能仅仅限于渴望人生精彩，而要采取行动去将人生过得精彩。

有人说，我们无法预知，也无法控制自己生命的长度，但我们完全可以去把握自己生命的宽度和厚度，以及我们生命的精彩程度。我们可以选择碌碌无为地度过此生，也可以选择奋发有为，让自己这一生不虚此行。而这一切，主动权都在我们手里。

生命的精彩，其实是生命过程的精彩，即在你活着的每一天五花八门的过程——或者很精彩，或者很沉闷，或者碌碌无为。因为到最后，生命的结果每一个人都是一样的。

很多人在历史上留下了光辉的一页，就是因为他们做出了业绩，取得了功绩，活出了他们一生的精彩。

例如，曾大帅曾国藩，活出了他精彩的湘军人生。屡战屡

败，却始终还能屡败屡战，面对困难还依然锲而不舍地努力，最终将太平天国洪秀全一举消灭，消灭之后又能及时收手，可谓是善始善终，精彩无比。

曾国藩是出生于晚清一个地主家庭，自幼勤奋好学，通过自己的努力精彩过完一生。事实上，我们普通子弟通过自己的努力，也能活得很精彩，这方面最典型的是洪战辉。

洪战辉没有因贫苦而怨天尤人，没有把道德作为换取同情和关心的资本，而是以自己扎扎实实的努力来改善自己的处境。当初，他虽然生活在艰难之中，但他很坚强，不仅自己养活自己，努力刻苦地读书，还亲自照顾自己的妹妹，依然肩负父母本应该承担的责任。因此，他成为感动千万年轻人的楷模，成为有担当年轻人的典范。

不难看出，人生过得精彩不精彩，与家庭出身没多大关系，关键的是靠我们自己；与天资是否聪慧也没关系，关键的是靠后天个人的奋发努力。用奋斗去争取，过程中虽然也有磨难，但是要拥有百折不挠精神，最终会获得成功。

任何人都可以拥有精彩的人生。年轻的你，渴望精彩的人生不会比谁差。但是，你不能仅仅限于渴望人生精彩，而要采取行动去将人生过得精彩。当然，你也要明白，精彩的人生并不是一开始就热气腾腾的，而是要经历一段默默无闻甚至可以说是极其卑微的时光，要经历长期奋斗和拼搏，取得一定的成就，才能活出不一样的人生姿态。

现今的你，现状或许不尽如人意，但这并不意味着你没机会或者没资格活得精彩。

每个人都是平凡的，但是，每个人都可以活得精彩。你只有通过自己的努力去追求人生的精彩，最终才可能真正地过得精彩。

你要做的是，把每一天当作最后一天来过

生活的最高艺术是尽力使每一天生活好，生活快乐。当我们失败或者未达到标准时，让我们原谅自己，思考并体会爱默生的这句名言："努力完成每一天的事情，你已经把你能做的都完成了。你要尽快忘记那些错误和你所做的荒谬之事。明天是崭新的一天，你要精神饱满地迎接它，不要被过去所做的荒谬事拖累。"

一生太长，长到你一时之间绝对望不到边，而一天又太短，短到"嗖"地一下，这一天就不翼而飞了，以致你都不知道在这一天当中为自己留下了什么。其实，我们很多人是过错了日子——把一生看得太长，却把一天看得短。

其实，我们是否可以换一个角度来想想：将一生看得短暂，我们这一生会很快过去；然后把一天看得长一些，尽量在一天之中，尽己所能去安排一天的生活和工作，让这一天足够充实与快乐。

每一天都是一生的缩影。你这一生究竟能不能过好，其实看你其中的一天就好了。如果你生命中的每一天都是慵懒消沉，那么不要指望你的一生会精彩。你要把每一天当作最后一天来过，你要努力过好每一天，这样你才能不枉此生，才能一生过得有滋有味的。

怎样才能过好每一天呢？不是每天都做惊天动地的或者值得铭记的大事，而是每一天都做有利于提升自身道德修养和能力的事。而这些虽然很繁杂，但最关键的几点，你需要每一天都加以注意。

要在每一天都做一个有修养的人。礼貌地对待身边的人，微笑地向每一个认识的人打声招呼。当你的家人说你哪里做得不对时，你原本心情很郁闷，但可以立刻转念，他们是关心自己，所以不应该发火，而应该微笑。

要在每一天都勇敢地承担起一天的责任。这一天公司里的任务一定要完成，你就要想方设法去完成，不要推脱到第二天再去完成，因为这是你的工作职责。家里的小孩子要早起上学，你就应该早点起来做早餐并且负责送孩子去上学，因为这是你的家庭责任，你不能找比如工作忙的借口来推脱，因为孩子这一天对你而言同样非常重要。你的爱人生病了，你就要多抽出一些时间和精力来陪伴她，给她安慰，因为这是你对爱人的责任，就应该在这一天里去尽责，不要想着以后的日子还长。

要把每一天都过得快乐幸福，并带着这种快乐和幸福去感染周围的人。悲伤也是一天，快乐也是一天，无论你是用什么心情去面对生活的一天，这一天都会过去。所以你完全可以开心地去度过。这样，你的一天又多积蓄了正面的能量。而且情绪是一种特别能传染的东西，当你发自内心快乐时，你身边的人也一定可以感受到你带去的快乐。这是一种散播爱与快乐的行为。

要在每一天里都要努力克服恐惧，勇敢地应对每一种情况。生活总是会有种种不如意的事情发生，我们也要经常去面对生活中出现的突发事件。有时可能会给自己带来强烈的恐惧感与焦虑感，但是我们要努力去克服它，让自己的内心更加平静，勇敢地面对每一种突发的状况，这样我们的生活才会过得更加从容和淡定。

要在每一天学习新的知识，获得新的成长。不要以为你的知识已经足够丰富了，不要以为目前的你已经足够完善和完美了。人无完人，学无止境。每一天我们都要去学习和接受新的知识，用新的知识来丰富和武装自己，只有不断地学习，我们才可以不断地成长，也才可以更好地去面对将来的生活。

还要在每一天做到友爱、宽容、周到，做到为别人着想。你活着并不仅仅是为了自己，不要只想着自己快乐了就好，如果把自己的快乐建立在别人的苦痛之上，那就是一件糟糕的事情了。所以，你还应该时时刻刻地能为别人考虑和着想，尽量为别人多做点有意义的事情。

人生只有短短数十载，在我们不经意回头时，我们发现其实我们应该快乐地度过那些逝去的日子，逝者如斯，来者犹可追，我们应该惬意快乐地过好每一天。我们每天早晨醒来，意味着一次新生；晚上入睡时，意味着这一天随之过去。在醒来与入睡之间，是一天的黄金时间。我们可能无法为一生做事情，却能为一天而做。

英国著名作家史蒂文森说："任何人都能很甜美、很耐心、很可爱、很纯洁地活到太阳落山。"生活的最高艺术是尽力使每一天生活好，生活快乐。当我们失败或者未达到标准时，让我们原谅自己，思考并体会爱默生的这句名言："努力完成每一天的事情，你已经把你能做的都完成了。你要尽快忘记那些错误和你所做的荒谬之事。明天是崭新的一天，你要精神饱满地迎接它，不要被过去所做的荒谬事拖累。"

你要切记，明天是另一个今天，快乐地过好每一天。

生活需要简单，你可以过自己喜欢的生活

你喜欢的生活还有可能是这样的或许那样的。但是，没有一种你喜欢的生活是一定要依靠物质来撑起，没有一种你向往的日子是一定要靠金钱等外在的物质来维系。

美好的生活，需要你对生活有个清晰的认识，有一个良好的生活观。你只有弄清楚了你需要什么，你渴望什么，你才能知道该怎么去做。每个人的具体生活观不一样，但最根本的就是每个人都想按照自己所想的去生活，都想过上自己喜欢的生活，都想过上自己认为有价值和意义的生活。

你也知道：不一定说要有洋房汽车，你才拥有幸福的生活，也不一定是一身名牌，才显得你高贵大气。那些东西都是表面的，表面的物质并不是你真正所向往的生活。你应该顺从你的内心去生活，过你自己喜欢的生活。

其实，过上自己喜欢的生活很简单，不需要太多外在的物质条件。有时，你只不过是需要你内心有一种想法，需要简单

的食物、咖啡或者书籍和音乐，如果有三两个好友一起分享故事，那简直就是更加美妙的事情。

你喜欢的生活或许是这样的：

在一个如往常一样美好的星期天，你和心爱的另一半慢慢悠悠地起床，开始新的一天。这一天，你们突然冒出了一个新的想法，打算中午自己做牛排和披萨。于是，你们开车去了附近的超市，买了各种所需的食材和调料。回到家之后，两个人分工合作，用了整整一个上午的时间，最终牛排煎得有点焦了，披萨也完全不是披萨的模样。你们嘴上说，还不如去外面好好吃上一顿呢，花了这么久的时间做得还不好吃。你们虽然嘴上这么说，但行动上却把自己做的东西吃得一干二净。因为这是你们自己的劳动果实，这是你们共同的甜蜜时光，所以你很喜欢这个上午的时光。

你喜欢的生活或许也可能是这样的：

在一个阳光明媚的午后，你约上三五个好友，来到那家新开的咖啡馆。这家新开的咖啡馆据说非常有名，里面的咖啡和别家的与众不同：服务生帮你冲好咖啡，清新的香味慢慢飘来，闻一闻都感觉生活美好。那三五个好友已经有很长一段时间没有见面了。你们彼此间有聊不完的话题，聊聊最近新上映的电影，聊聊家里老公、孩子那些小事，偶尔皱皱眉头，偶尔放声大笑，仿佛旁若无人。慢慢地，夕阳西下，你们却都忘记了时间，仿佛这个下午过得格外快。这个下午是你生命中极其惬意的一个下午，你是那么真实地体验到生命的美好。

你喜欢的生活也可能是这样的：

在一个吃完晚饭的夜晚，你的同事给你打来电话说，晚上约了几个朋友一起打个牌，算你一个。你应了声好，放下手头正要干的家务活，开车来到了约定的地点。大家一见面真是非常热情地相互拍肩拥抱，那感觉好像是亲人一样。牌局开始，你的牌技并不好，老是输给你那几位老朋友，可是你并不沮丧，你的脸上一直充满笑容，整个房间也一直飘荡着笑声。渐渐地，过了晚上10点，夜深了，也静了。你们彼此心领神会，起身离开。这个晚上你输掉了钱，但你却一点都不心疼。因为你觉得和朋友们待在一起的这个夜晚，是那么的美好，你觉得这是你想要的状态。

你喜欢的生活还可能是这样的：

在一个寒冷刺骨的冬天，南方却依然还是气候温暖舒适，你所在的城市更是四季如春，你感觉你的生命中仿佛从来没有体验过冬天的滋味，你有了去哈尔滨的冲动。正好忙过了一阵，你给自己放了一个假，买了一张去哈尔滨的机票。你来到了这个冰天雪地零下三四十度的地方。你独自看冰雕，去滑雪，感受到了与平常生活完全不一样的世界。你虽然冷得瑟瑟发抖，内心却还是温暖快乐，因为这真是一次难得的体验，这正是自己渴望的生活。

你喜欢的生活还有可能是这样的或许那样的。但是，没有一种你喜欢的生活是一定要依靠物质来撑起，没有一种你向往的日子是一定要靠金钱等外在的物质来维系。你只需要拥有一颗简单的心，拥有感知美好事物的能力，一个静静的下午，一杯暖暖的咖啡，一本薄薄的书本，都可以让你感受到人生的幸福。

过自己喜欢的生活，这是你追求的目标，也是你奋斗的动力。但是，我希望给你些建议，那就是每个人都应该尽量让自己保持一种简单和朴素的内心，摒弃对外在事物的过度依赖。那些外在的房子、车子和金钱确实可以给我们带来一定的安全感，但并不是我们所有幸福的真实来源。

事实上，金钱和幸福感几乎没有关系。所以，回归到简单，你喜欢过的生活一定是简单的。你的心简单了，你的人简单了，你喜欢的生活会不紧不慢地朝你走来。

你的选择决定你的未来，你的经历决定你的人生

人生总会在关键时刻有一些转折点，也就是人生在一些重要时刻，会在你面前出现一条岔路。你究竟该往哪条道路上走？不同的选择，自然就会有不同的生活。你能得到什么样的生活，就看你在那个时候做出了什么选择。

每一个人在他最初的时光里，彼此生活状态都是差不多的。每个小孩都是从懵懂无知起步的。对于世界的认知和感受，他们也是微乎其微起步的。他们过的生活都是大人安排好的生活，从本质上讲，是没有特别大差别的。

但是，随着时间的流逝，随着慢慢地长大，人与人之间的生活状态慢慢地开始不一样了，甚至生活的差距会变得很大很大——有的人可能在很年轻时就站到了"金字塔的顶端"，而有的人还生活在社会的最底层；有的人早已经过起了自己想过的生活，而有的人却还在未想要的生活中拼尽全力在挣扎。

究竟是什么决定了不同的人生状态呢？大多数人的大多数

时间里，生活也许是平平常常的，但人生总会在关键时刻有一些转折点。也就是人生在一些重要时刻，会在你面前出现一条岔路。你究竟该往哪条道路上走？不同的选择，自然就会有不同的生活。你能得到什么样的生活，就看你在那个时候做出了什么选择。

十字路口，就是人生抉择的时刻。这是每个人的人生都必然会面临的。你从什么立场什么角度，用什么思维方式来思考，最终会决定你的人生。

我现在整天与文字为伴，或是写作文稿，或是审校书稿，或是策划选题，这都是我当年选择人生生活方式并一直坚持下来的结果。

下面给你讲一段有关我的往事。

20 世纪 90 年代，尚是大学精英教育时代。我那时读高中，也是挤高考这坐独木桥的千军万马中的一分子。那时，高中生到了高二就开始分文、理科。而这就是我人生的第一个十字路口——选择文科，还是选择理科，决定了你未来就业的大体方向。

我和我的一个李姓的铁杆兄弟高一在同一个班里。当时，我因为喜欢文学而选择了文科，他则毫不犹豫地选择理科。当时，读文科考取大学的难度比较大些——大学招收文科的比例比较小，每年文科生考上大学的机会也非常小。因此，他毫不犹豫地选择了理科。

不过，选择文科不容易考上大学，选择理科也并非就很容易。当时，高考升学率只有百分之十几。因此，到了高三后，眼看考大学没什么希望，李同学选择了当兵，想通过当兵考军校寻找出路。当时，我因为没有其他选择，选择了坚持读文科，做好"打持久战"的心理准备。

一转眼数年过去了，李同学考上了陆军军校，而我也在精英教育年代最后一年考上了师范学院。李同学军校毕业后，到了西部某边防城市，在边防军里当军官。我师范学院毕业后，做了北漂，从事着文字类的工作。

我们当初是一起进高中的，是非常好的朋友，学习成绩也不相上下，但由于我们的选择不一样，后来的经历也大不一样，如今过上的生活也不一样。他过着他的军人生活，我过着我小文人的生活，偶尔联系一下，他称我为"作家"，我称他为"将军"，相互调侃，共同回忆当年的一幕幕。

你的选择决定你的生活，你的经历决定你的人生。我和李同学，当年的一对哥们儿，因为各自不同的选择，后来有了不同的经历，又有了现在不同的生活状态。不过，庆幸的是，我们都在从事着自己比较喜欢的工作，过着自己相对喜欢的生活。

年轻的你，走上社会不久，因而选择对你的未来影响非常大。你需要足够理智地去思考，需要谨慎地去选择，更需要持久地坚持自己的选择。

马克思曾经说过："如果我们选择了最能为人类福利而劳动的职业，那么，重担就不能把我们压倒，因为这是为大家而献身；那时我们所感到的就不是可怜的、有限的、自私的乐趣，我们的幸福将属于千百万人，我们的事业将默默地、但是永恒发挥作用地存在下去，面对我们的骨灰，高尚的人们将洒下热泪。"马克思做出了为全人类贡献力量的重要抉择，他的名字也抒写在了世界的土地之上。我们普通人，虽然不一定追求非要那么伟大不可，但为了对自己的人生和未来负责，也必须要重视自己的选择。

毕竟，一个人在重要时刻的选择会决定这个人的命运：正确的决定，引导着他向积极成功的方向发展，而错误的决定，则会导致一个人的发展走向死胡同。

当然，你在做选择时，也不能患得患失，要有足够的果断。在人生的十字路口上，总会有付出，也总会有牺牲，因此你要注视着远方，着眼于未来的发展，才能获得最大的成就。你在短暂时间内作出的决定，其实是你之前所经历过的事情，所积累起来的经验和能力在帮你做出。你的选择决定你的生活，你的经历决定你的人生。尽量充实自己的人生经历，来帮助你在关键时刻做出正确的选择，让你拥有美好的生活，灿烂的人生。

生活没有谁对谁错，只有值得不值得

生活没有绝对的对与错。只要你是真心实意地付出，只要你是踏踏实实地努力，只要你所做的事情是发自你的内心，只要你认为这一切都值得，那么一切便好。

你有时可能会发现，有些人总爱对别人的生活指指点点。觉得人家这件事情做得不对，那件事情处理得不够完美，好像他是别人生活中的一个判官一样，对事情的对错进行各种判断。

这种人是很招人烦的。因为生活中的很多事情并没有对与错的区别，只有值得与不值得的分别，他事事分个谁对谁错的，有时好事也会被搅坏了心情的。

比如说，你今天在路上遇见了一个乞丐，你把身上的所有现金全部给了他。但是，有人就会说你傻，说你遇见了一个骗子，说你是个缺心眼，觉得你这个行为做得不对。但是，这无所谓对不对，只要你心里坚信你在帮助他人，你坚信这是一件非常好的事，那么就是值得的。相反，有些表现在别人看来非常正确，但并不是你真正想要得到的，你会觉得自己的付出与收获并不成正比，那么也是不值得的。

事实上，生活对你来说，也是如此，没有谁对谁错，只有值不值得。而每个人活着，都会去追求自己的人生价值，说通俗一点，都会去追求活得值得。而这个"值得"只能在其人生经历中才得以体现。

相信每个人都见过蝴蝶，当美丽的蝴蝶在花丛中翩翩起舞时，你可曾想到，蝴蝶的生命来之不易。上天是公平的，它给了蝴蝶翅膀，让它们能在天空中自由飞翔；可上天又是残酷的，它让蝴蝶在拥有翅膀的同时，也让它们历尽了磨难。蝴蝶是由蛹化来的，当它们在蛹中挣扎时，它们把血液挤进翅膀。谁都帮不了它，只有它自己努力。

不经过挣扎的蝴蝶是飞不起来的。蝴蝶的美是一种悲壮的美。它们用一季的飞翔，将生命的价值诠释成奋斗和精彩。在它们身上，生命被诠释得淋漓尽致。生命的价值在于用不懈的努力去争取辉煌，去用一生的付出证明自己的价值。如果能生如夏花之灿烂，死如秋叶之静美，那么此生也就是值得了，也就没有什么遗憾了。

人生总是会死的，没有不逝的生命，可有的重如泰山，有的轻若鸿毛。他们生命的价值不同，结果却是一样，为什么不让自己活得精彩一些呢？如同飞蛾扑火、金蝉脱壳；如同火柴倾其所有去撑起一片光明。飞蛾、金蝉的价值在于飞翔，火柴的价值在于燃烧。干什么都要有代价，有时，代价有可能会是整个生命。这就是生命的价值。

当然，我们体现价值的方式多种多样，并不一定要跟生命联系起来，并不是说一定要做影响重大的事。在日常生活或者工作中做出一些事，只要自己做得认真，做得极致，那一样能体现自己的人生价值。

先给你讲感动人的歌手丛飞的故事。他之所以如此令我印象深刻，是他作为一个歌手，不仅没什么绯闻，而且一直在低调地当志愿者，帮助那些极其需要帮助的孩子。

当他自己还没有当父亲时，他就用父亲那样的眼神看着那么多的孩子，孩子的眼神让他心动让他行动。他的名字很让人产生这样的联想，他叫"丛飞"（音），丛让我们看到了两个人站在大地上需要互相支撑，互相温暖。从他看到失学儿童的第一眼到被死神眷顾之前，他把所有的时间都给了那些需要帮助的孩子，没有丝毫保留，甚至不惜向生命借贷，他曾经用舞台构筑课堂，用歌声点亮希望。今天他的歌喉也许不如往昔嘹亮，却赢得了最饱含敬意的喝彩。他的人生很短暂，但是很精彩；他的生活没有错，因为他觉得足够值得。

在这个浮躁的时代，一个歌手能如此，确实令人尊敬。

另一个我不得不提及的人，那就是全国劳动模范徐虎。徐虎原本是一个非常普通的人，但他活出了让自己感到很值得的一生。

徐虎是一个水电维修工，他几年如一日为居民解决水电急修的困难，把温暖送到千家万户，在平凡的岗位上做了不平凡的成绩。他曾说："你不奉献我不奉献，谁来奉献？你也索取我也索取，向谁索取？""辛苦我一个，方便千万家。"这些朴实的话语表达了一个普通劳动者强烈的社会责任感，更加实现了自己的人生价值。我们这个时代需要干大事业的人，但是这样在平凡岗位上扎扎实实做好工作的人，难道不是度过了值得的一生吗？

不难看出，年轻的你，不要去怀疑自己走的路到底对不对，不要去揣测自己做的事情是否错了。生活没有绝对的对与错。只要你是真心实意地付出，只要你是踏踏实实地努力，只要你所做的事情是发自你的内心，只要你认为这一切都值得，那么一切便好。

不要管来时怎么样，你追求的是芬芳

你来到这个世界时，你还无法决定什么。但是，未来的道路该怎么走，未来的人生是芬芳还是暗淡，却是完全可以掌握在你自己手中的。

要活得值得，你没必要去较真对与错，但要时刻记清楚自己追求的目标。

你时刻要记住，不要在意你的身后，不要在意你的过去。你的身后是你的背影，也许你自己记得你的背影里满是黑暗，甚至有一些不堪的污垢，但是除了你自己之外，又有谁能够看得到呢？又有谁会真正地在乎呢？也许你的过去一路都是失败和坎坷，你觉得你来时的路真的没有想和任何人说起的欲望，你甚至会觉得，过去全是悲伤。但那又怎样？懂的人自然会懂，不愿意去理解的人，你也不要去乞求理解。

每个人走到成年，都有一段或长或短，或坎坷或平坦，或激荡或平静的道路。你也一样，你也会有过一段曾经走过的路。你走到现在也肯定有过不少的经历，是那些经历变成了现在的你，铸就了现在的你。但是你不要再去回顾以前，因为你接下来要跨出的脚步是面向未来的方向，你心里的追求和期待应该都是未来才会给你的。

你也许出生在一个普通老百姓的家里，你的父母没有什么傲人的资本，也没有缤纷绚丽的童年。你来到这个人间的第一个时刻，就注定了你未来的道路并不能够平坦顺利，你住的房子是陈旧的，你吃的食物是粗杂的，你穿的衣服是哥哥、姐姐剩下的。但是记住，你来到这个世间时，你还无法决定什么。但是，未来的道路该怎么走，未来的人生是芬芳还是暗淡，却是完全可以掌握在你自己手中的。

当然，或许你来时非常幸福，出生在了一个富贵的人家。真可谓是"口含金汤匙出生"。爸爸妈妈是达官显贵，是富豪巨商，你不用担心任何生活——你不仅衣食无忧，你甚至还可以享有最好的生活。你之后的道路也都会非常顺畅，一切都由你的父母给你安排铺垫好了。但是，即使这样的人，你内心的成长也还是要依靠你自己，你真正的成熟与成功，是要靠你自己走出来的，你必须要有追求未来梦想的付出，才可以真正收获到你渴望的芬芳。

你一路走来，你回头看你来时的道路，你看到的是那么多的挫折，你甚至会感觉到有些辛酸与委屈。

比如，在你很小时，你就生了一场重病，在医院里住了很长的一段时间。你不知道为什么命运之神会这样"眷顾"你，从此你变得体弱多病，总感觉自己与正常人不一样；在你上学时，你也一样努力，甚至还可能付出了比别人更多的努力，但是成绩却一直平平，老师从来不会用喜欢和赞赏的目光来看待自己；你好不容易喜欢上了一个人，但是，那个人却一直冷冷的，离你感觉很遥远，当你鼓起勇气向她表白时，你遭遇的却是嘲笑与尴尬；当你开创自己的事业，正干得信心满满时，一场暴风雨般的危机，瞬间将你辛苦创立的公司打垮，将你所有积蓄的资金归零，你所有的付出似乎遭到了一场嘲笑与蔑视……

回看人生路，回看你来时的路，真的有许多辛酸和疼痛，哪怕给你一整天的时间，让你慢慢道来，你也不一定可以说尽。你甚至会觉得，自己的辛酸史都足够写一本人物传记了。但是，我告诉你，过去的路怎么样，真的一点也不重要。你应该心怀美好，去追求未来你想要的人生。只要你摆正心态，敢于拼搏，未来会以最美好的姿态来迎接你。

当然，你回过头看你来时的路，也许会欣慰地露出笑容。因为你走过的那些道路是那么的平坦，是那么的充满满足和快乐，是满满的赞誉和奖赏。你上学时每一年都能拿到奖状，你房间里的那面白色的墙壁已经被你的奖状贴满；你长大后遇到喜欢的人也是一见如故，彼此相爱，顺利地步入婚姻的殿堂；你的事业也一帆风顺，没有什么多大的波折。

不过，过往并不能代表未来。并不是你过往如何，就能预示你未来的人生道路一定会怎样。未来的美好，还是需要你此刻踏踏实实地付出。如果你沾沾自喜，如果你满足现状，也许，前面会有一大堆的障碍堵在你的面前。

过去的都已经过去，来时的路已经走过，你不能推翻重走，你也无法抹去印记。还是应该学会给自己"归零"，把过去开心的不开心的，好的不好的统统抛到脑后。从此刻开始，你要为未来奋斗，你要让这一刻的时光足够充实和美好，你的未来才会充满芬芳的味道。

痛的另一面是进步，没经历痛的青春体味不到人生

痛的另一面是进步，没经历痛的青春体味不到人生。在日后岁月的某个时刻，或者整个漫漫的人生里，你都可以忘记有关青春的所有伤悲和凄苦，让你的脸上长驻微笑，不再忧伤。让那些青春的疼痛全部尘封进你心灵的底层，不去轻易碰触，也不轻易翻阅。这样，你的人生才会有新的阳光照耀进来，你才可以获得新生的力量。

每个人都有自己的青春岁月，那是人生中美好而又绚烂的一段时光，就像一年中的春季，绚丽多彩；又如一天中的清晨，阳光明媚。青春有着很多美好的回忆，然而也同时带有很多伤痛的回忆。每个人都如此，你也一样。

可以这么说，几乎每个人在他青春年少的生命中都或多或少经历过伤痛。不是有句话叫作"谁的青春没有伤痛"吗？在最初的时光里，肯定是有很多的欢喜和快乐的，但你年少时候毕竟不谙世事，也不够成熟，最初的美好最终会变成伤痕，永

远留在你的心间。也许，此刻，你回想起来，还会隐隐作痛；也许，此刻，你回想起来，还会深感遗憾。

我不清楚你心中那难以忘怀的疼痛究竟是什么。也许是你一直把那个美丽的姑娘挂在心上，每天默默地注视她，默默关心了她整整三年，而那个美丽的姑娘身边的男生却并不是你。也许你有过一段非常美好的校园恋爱，爱得撕心裂肺你死我活，但是最终抵不过时间和空间的变幻，你们两个渐渐淡忘了彼此。又或者你以为你遇见了一位知己，但事实上却是一个人渣，你付出了全部的真情，换回来的却是对方的负心。

当然，我更不清楚你回想起青春的遗憾将是什么。

或许你深有感触，在记忆中，青春的痛或多或少地跟爱情有关。这就是成长，这就是成长的代价和收获——让你明白什么是爱、什么是情，让你学会如何珍惜他人、如何去爱他人，让你认识并学会为爱承担应有的责任。

在那时候，你并不一定明确意识到这些，但行动却朝着这方向进行。在你美好得如鲜花绽放的年纪，正情窦初开，所有感情都是如此真挚与纯粹，你是以最最美好的目光去看待未来的。虽然有时结局会是那么不堪，那么让人难以接受，那么让人无所适从，但是经历痛的你逐渐获得成长和历练，逐渐懂得和领悟了情与爱。

除了情和爱，你深有感触的痛，还有你对人生理想的憧憬。那个时候的你多么单纯，又是多么的热血满满，充满激情。你期盼着未来可以走进最著名的大学学府，未来可以一展宏图，但命运却偏偏与你开了一个不大不小的玩笑——一向成绩优异的你，却在那场决定命运生死的高考中遭到当头一击。这几乎成为那年夏季你最深的疼痛，让你在很多年之后依然耿耿于怀。

　　不过，痛何尝不是一种美好，何尝不是一种力量。没有疼痛过，人生就缺乏完整性，因为你缺少了一种重要的滋味；没有疼痛过，成长就缺乏坐标，因为你缺少了一个检验自己实力的机会。痛过的人生才真正称得上是人生，痛过的成长才真正称得上是成长。因为在人生最初的时光里，有过了疼痛的经历，会让你有更加强大的能力去避免以后的道路上遇到类似的疼痛，让你更好地迈开人生的步子，走向属于你的精彩。

　　痛的另一面是进步，没经历痛的青春体味不到人生。在日后岁月的某个时刻，或者整个漫漫的人生里，你都可以忘记有关青春的所有伤悲和凄苦，让你的脸上长驻微笑，不再忧伤。让那些青春的疼痛全部尘封进你心灵的底层，不去轻易碰触，也不轻易翻阅。这样，你的人生才会有新的阳光照耀进来，你才可以获得新生的力量。岁月总是一首轻缓的喜忧参半的歌，流淌在生命里，注入不同的声音，也体会不同的感觉。即使记忆有时会重来，你也应该坦然，不欺骗自己的心，不漠视那些曾有的感动。

人生不总是圆满，没有一个青春是可以做到完美不缺的。所以，你理应知道，你不可以苛求太多，不要再期待什么虚无的梦幻，不要再追忆什么曾经的年华。你应该开始选择新的人生目标，并为此坚定不移。不在乎结局是好是坏，在意的只是过程，即使会有过错，即使会失去很多沿路的风景，即使苦苦追寻的结果是失败，但你要始终坚信，总会有一天将战胜自我。

青春时期的那些逃避的日子，那些痛定思痛的日子，会蜕变你身上所有的幼稚和无知，走在阳光下，让自己亮丽动人，让自己飘逸如风。四季依旧，轻轻回眸，梦已凋零成飘雪，在对往日的告别里，没有离愁，没有悲苦。那些年少时的轻狂，如风中落叶，渐渐远去，回忆是长长的河，无源可寻，也无终点。

请你学会忘记，也请学会放弃，心在那一刻就会变得轻松而自然。天涯海角，咫尺之间，让记忆冰冻成海边的岩石，凝固不化。让那些誓言都写满在沙滩上面，让海浪读一遍擦一遍。让那些永远的承诺都成为记忆里飘飞的蝶，虽然璀璨，但终究都将凋落；虽然曾经心动，但终将会云淡风轻，再无留恋。

你真实地走过风雨，走过坎坷，所以，也完全可以坚定地站立，爱与恨，哭与笑，都已经平淡，成为过往。忘记悲戚，忘记疼痛，珍惜今天，舍弃虚幻，这样，你才能面对未来的明媚，这样，你的明天将都是晴朗的艳阳。

和喜欢的一切在一起，你付出多少都值得

与喜欢的事，与喜欢的人，与喜欢的物，与喜欢的一切在一起。这样的生活，并不容易，需要你足够用心，并且付出足够的代价。但是，当你拥有这样的生活时，你会发现，一切都是那么值得。

我们的工作占据了我们生活的大部分时间。在白天大多数时间里，我们都把生命花费在工作上，而工作也确实有着重大的人生意义。它不仅为我们提供了最基本的生存保障，也能够实现我们的人生价值。

只有当觉得自己所从事的工作是自己发自内心热爱的，你才不会觉得虚度时光，浪费生命。此时，你恨不得用你全部的热血和激情来拥抱每一天的新生活。

有一位知名的女主播，毕业于国内一流的名牌大学，毕业后顺利地被中央媒体录用。她的人生道路在许多人看来是风光无限的。但是，她在这个岗位上做了一段时间后，慢慢地她发

现，她每天在忙于应付身边的人和事。这一切并不是她真正喜欢和热爱的。

为什么要将就着度日如年呢？很快，她辞了职。之后，她申请去一所美国大学去攻读研究生。她一边读书一边写作，后来成为一名著名的畅销书作家。她经常在阳光充足的午后，端一杯咖啡，写下一段来自心灵的文字，这种散漫却优裁的生活才是她真正喜欢的。她虽然为此付出了很多代价，但过上了她真正喜欢的生活。在她看来，这一切都是值得的。

当然，我不是鼓励每一个人都死磕去寻找自己热爱的工作。或许你因为某种原因，不得不从事某种你并不那么热爱的工作，但这并不意味着你工作得不值。你可以看你工作中值得骄傲的部分，还可以在工作之外从事自己喜欢行业的兼职来作为弥补等。这样，你的人生也值得。

与自己真心喜欢的人在一起，这一点也是你所渴望的。但是，做到这一点，你会发现也没想象中那么容易。我们在人生的道路上会遇到各种各样的人，有些人可能是同学，有些人可能是同事，总之会让你与生活中的一些人有交集。有时，因为工作原因或者别的什么原因，你是不得不与这些人打交道的。但是，你也需要扪心自问，你是不是发自真心渴望与他们成为朋友？如果不是的话，那么你还是尽量少浪费时间在他们身上吧，只需要在工作场面上交往交往就行。因为你需要做的是把更多的时间用在与喜欢的人身上。

当然，更需要谨慎的是，选择自己的人生伴侣，要与自己真心喜欢的人在一起。

因为，人生伴侣是要用来陪伴自己一生一世的，如果你只是听从他人的建议，别人说这个人很不错，很适合你，但你自己见面的第一眼就并不喜欢，后来相处之后你发现没有好感，也不觉得合适。但是，因为家人朋友的撮合，你勉勉强强地接受了。你会发现，与自己不喜欢的人在一起，哪怕生活安逸，没有忧愁，你也会感觉到每一天似乎过得并没有那么开心快乐。

如果你和你喜欢的人在一起，哪怕他暂时一无所有，只要你一想起他来，或者一见到他时，还是会感到无比的开心，会感受到生活的美好。

还有，你还应该和喜欢的物品在一起。例如，你穿的衣服，你用的笔和纸，你家里面的家具和用具，一切的一切都应该是你喜欢的，你喜欢的款式，你喜欢的形状，你喜欢的颜色。

你别以为物品是没有生命的。它们也有它们的气质，你应该让与你生活共处的这一切，都成为你喜欢的东西。如果那些陈旧得你已经不再喜欢的物品，你真的不要勉强再把它们留下了，你尽可以将它们丢掉，丢掉他们时，你有没有发现自己的心情也会随之明亮不少。

　　与喜欢的事，与喜欢的人，与喜欢的物，与喜欢的一切在一起。这样的生活，并不容易，需要你足够用心，并且付出足够的代价。但是，当你拥有这样的生活时，你会发现，一切都是那么的值得。

人生必须活出自己的模样，哪怕是历经沧桑

我们匆匆忙忙地来到这个世界，但我们活着究竟是为了谁呢？为了身边爱我们的人和我们爱的人，当然是。但，更多的是为了自己。正因为如此，活，你就要活出自己的个性，不要生活在别人的阴影里，要活出一个不一样的自我！

如果把一个人的人生比作一件产品的话，每个人都拥有一个不可转让的专利。你就是唯一的，你怎么能活成他的样子？每个人想要的不同，努力和奋斗的方式也不是一样。每个人都渴望出彩。出彩就必须经受历练。因此，哪怕历经沧桑，你也必须活出自己的模样。

有的人想要一片静海，一方蓝天，他就将生活得像一场旅行；有的人渴求青史留名，万世荣耀，他就将生活得像一场赛跑。这世界不允许千篇一律地存在，你大可不必羡慕别人，因为每个人都应该活成自己想要的模样，你也一样。

人生的路都是要靠自己走的。只要认准方向，不管多么遥

远，你都要走下去，因为你的人生掌握在自己手里。不管这个路上遭遇了什么难题，或有什么事情让你感到疲倦，你都要坚强地扛下去。只有这样，你才能够获得你想要的人生，活出真实的自己来。

有这样一个年轻人，他年纪轻轻，却让自己的生命创造出了一个又一个奇迹，活出了完全不同的生命状态。你在追求自己人生出彩时，应该多多从他的故事里获取一些正能量。

陈欧出生于四川德阳，是一个典型的"80后"。但你不要看他年纪虽然不大，但他已经创业有成——聚美优品创始人兼CEO，中国杰出的企业家。

16岁时，陈欧留学新加坡，就读南洋理工大学，并在大学期间曾成功创办在线游戏平台GG-Game；26岁时，他获得美国斯坦福大学MBA学位；2009年，他回国创业，迅速成为中国80后青年的创业榜样；2012年和2013年，他两次荣登福布斯中文版评出的"中国30位30岁以下创业者名单"，并荣获"2014年中国互联网十大风云人物"称号；2012年，陈欧为公司拍摄的"我为自己代言"系列广告大片引起80后和90后强烈共鸣；2014年，聚美优品正式在美国纽约证券交易所挂牌上市，市值超过35亿美元；2015年，陈欧以11亿美元获得亚洲十大年轻富豪第六名……

细数陈欧的经历，你不难发现：陈欧人生的每一个阶段都在他那个阶段创造了不一般的成绩，都在努力地经历生命，创造生命，拥有属于自己的精彩和辉煌。也许，他的背后有很多不为人知的辛酸和艰苦。但是，他确实是活出了自己想要的模样。

这是一个勇于活出自己模样青年的奋斗人生。当然，也有青年自身资质虽然不错，也很优秀，但没勇气活出自己的模样，最终被太多有才华的人埋没。

苏联曾经轰动一时的青年作家法捷夫，凭借着自己超常的才华，创作出一部部佳作。当他尽情地展示自己的才能时，荣誉和财富也接踵而至。他被聘为青年作家协会的会长。于是，他便再也没有心思写作。每天，他便开始了"上班、开会、上班、开会"的生活。本有机会继续演绎精彩生活的他，因为放弃了执着追求理想的生活态度，不知不觉中进入了一个无聊乏味的生活轨迹。

原本可以成就一个独一无二的人生，活出无人可以企及的精彩，但法捷夫没有勇气继续活出自己的模样，接受了世俗的生活，让自己沦为平庸。我们谁都会为他没有坚持理想而惋惜，也为世界失去了一位文学家而叹惋。

我们匆匆忙忙地来到这个世界，但我们活着究竟是为了谁呢？为了身边爱我们的人和我们爱的人，当然是。但，更多的是为了自己。正因为如此，活，你就要活出自己的个性，不要生活在别人的阴影里，要活出一个不一样的自我！因为，与我们相遇的每一个人，在我们的生命中走过，不管是你最亲的人，还是最爱的人，最好的知己，终有一天你都会与他们分离，你不需要在乎每个人对自己的评价，并不是每个人的评价都是对的。

心理学家说过："人最想达成的目标，就是活出自己想要的模样。"当然，这绝对不是一个带着预先设定的观念去寻求自我、铸造自我的过程。因此，生命并不因生理的成熟而成为一个停滞不动的物体，它依然在不断地成长，这是一个不断发现自身潜能，并将这些潜能不断重新排列组合的过程。这个过程就其本质而言，就是一个成为真实自我的过程。每一个最终活出自己的模样，成为真实自我的人，他一定会感受到对生命的感悟、生命的价值和生活的乐趣。

第三章 每个人都有无限潜能，你说自己行就一定能行

每个人都有无限潜能。你的一切都在于你自己是否有效地发掘潜能。你的能量超出你的想象。足够自信的你，充分发掘潜能的你，即使你现在平淡无奇，但只要你坚持、努力，就一定能创造奇迹，就一定能过上期待的生活，活出绚丽的人生。

每个人都有无限潜能，你的能量超出你的想象

上天是公平的。没有谁能够规定，有些人天生就能够获得伟大成就，有些人注定碌碌无为。一切在于你自己。在于你自己有没有通过足够的努力，去开发你身上的潜力，让它们积聚起来，爆发出强大的能量。

火山在爆发的一刹那拥有巨大的能量，让人感觉到无比地震撼，甚至有人会惊叹怎么会有如此壮观的景象！引得人们惊讶的原因，是因为火山在爆发之前的很长时间里，一直都是无比沉默的，它就像一座很普通的山一样屹立在大地之上，没有人在事先能够想到，它有爆发的一刻。

没有人知道，大地在外面虽然安静祥和，但在深深的地底下却暗流涌动。一直在不停地积蓄能量，当能量积蓄到了一定的程度之后，火山也就瞬间爆发开来，给看到的人们超乎想象的惊讶。

这不是我讲的废话。我要告诉你，人也是一样的。有些人

能在一刹那之间成功成名，看上去好像是如火山般瞬间爆发，但其实是私底下通过别人没有看见的努力，将自身的潜能开发出来了，在自己的身体里集聚起足够的能量，以获得最后的完美一击。很多人没看到这一点，因此看到别人一夜成名，都会认为他"资质出众""运气超好"。

事实上，那个一夜成名的人跟我们大家都一样，都是普通大众，资质也相差无几。之所以他们能力脱颖而出，之所以他们一鸣惊人，是因为他们悄然开发了潜能，而我们却忽略了这点或者在这方面做得还不到位。

我们大多数人看不清这一点，便认为自己的资质平平，能力平平，一辈子也就只能平平。有了这种意识，久而久之，我们还真的最终变得"平平"了。追究其原因，我们怪不了谁，怪不了资质，怪不了运气，只能怪自己。自己将自己扼杀了，自己给自己设限，将自己的将来限制死了。

上天是公平的。没有谁能够规定，有些人天生就能够获得伟大成就，有些人注定碌碌无为。一切在于你自己。在于你自己有没有通过足够的努力，去开发你身上的潜力，让它们积聚起来，爆发出强大的能量。

据研究，人真正被开发出来的潜力极其有限，甚至不到人所有能力的百分之一。那么剩下的百分之九十九，就如同隐藏在海底深处一样，一般是看不到的，只有当你把它们从海底挖掘上来，才能够真正形成你的能力，帮助你成就你的人生。那些历史上或现实中伟大的人物，无非都是把他们的潜力开发到了最大的程度。

有一位年轻人，因为从小家境贫寒，也没有上大学的机会。长大成年之后也就只能靠打工为生。后来，通过某种机缘巧合，他当上了清华大学的一名保安。但他特别羡慕那些清华大学的学生们，并不满足于当一个小小的保安。他倔强地认为别人可以做到的事情，自己通过努力也一定可以做到。

在接下去的日子里，他就利用一切可以利用的业余时间，去旁听课去学习英语，去给自己充电，最后他竟然考上了清华大学的研究生。此举，他改写了自己的人生。

他究竟是怎么做到的呢？他不服输，开发了自己的潜能。他相信自己天生并不笨，只是小时因为外在条件限制而错失了太多的好机会。而如今好机会摆在面前，他当然要努力争取，努力去开发自己的潜能。

你也不要惊讶！他不断地刻苦用功的过程，其实是不断挖掘自身潜力的过程。他下的功夫越深，他挖掘出来的潜力也就越多，而最后考试时的一击，只不过是他挖掘的潜力达到刚好够的时刻。他的华丽转身是他相信自己身上具有的能量。

你稍微留意一下生活，你将会发现，类似的事例很多。很多人刚走上社会时，学历很低，但通过自身勤奋好学，最终拥有了令人羡慕的工作或者做出了远远与其学历不对称的事。与那些毕业于名校的人拥有同样的地位和身份。

这些人成功的秘密，永远被掩盖着。他们永远不会告诉别人，他们的成功是因为开发了自身的潜能，而只会告诉你他当年吃了多少苦、努了多少力，而只会暗示你他的天分如何如何好，他在那方面有特长，等等。或许他们也没彻底弄清自己的成功的原因，或许他们不愿意让别人复制他们的成功。

年轻的你，刚走上社会时，你要追求自己理想的生活，就不要迷信他人"所谓成功的经验"，要看清楚成功的本质——所谓成功的人只不过在开发自身潜能方面比别人做得稍好而已。

一个人的潜力是巨大的，是无限的。你要实现自己的梦想，要过上自己理想的生活，除了你要努力去工作外，你更需要努力去开发自己的潜能。潜能开发成功了，你的能量超出你的想象，你会迸发，会做事事半功倍，还可能会一夜成名；潜能开发失败了，你只是看起来很努力，你会一切都是穷忙，做事事倍功半，最终自己都不得不怀疑自己的能力；潜能开发半成功半失败，你只能靠自己的勤劳和汗水，靠自己的苦劳获得远远低于你付出的报酬。

这是明白人所为，而自以为明白的人，看不清开发潜能的重要性，看到别人"优秀得难以望其项背"就早早给自己"判死刑"，就早早认命，把时间都花费在玩乐与虚度上，过上卑微的日子，然后时不时感叹"命不好""怀才不遇"。事实上，只要你不认命，只要你发愤努力，只要你相信刻苦就可以把潜力开发出来，经过一番努力和奋斗后，你一旦将自己的潜力开发出来，你将势不可当，你的人生将获得另外一番模样。

因此，你追求理想生活时，一定要清楚：每一个人活在这个世上，都不应该去限制自我。我们的身高也许是注定的了，一时之间确实没法改变；我们的容貌遗传了父母的基因，似乎也很难改变，但我们的内心是一笔多么丰富的资源，里面蕴藏着无比多的丰富能量。我们完全可以将它们开发出来，运用出来——我们也完全可以改变自己的命运，只要你愿意挖你自己身上这座矿山。

自信是释放潜能的金钥匙，你坚信自己就成功了一半

伟大诗人但丁曾说："能够使我漂浮于人生的泥沼中而不致陷污的，是我的信心。"没错，有一把叫自信的金钥匙，它能够帮助你释放出最大的潜能，而拥有了它，你至少已经成功了一半。

每个人的体内都有着巨大的潜能。那些成功的人就是把自己的潜能最大限度地发挥了出来，变成自己真正的能力和魅力。相反，那些失败之人，潜能还永远潜藏在自己的体内，到死都没有把它们挖掘出来，这让人觉得可惜。因此，是否开发自身的潜能是一个人成功与否的关键所在。

伟大诗人但丁曾说："能够使我漂浮于人生的泥沼中而不致陷污的，是我的信心。"没错，有一把叫自信的金钥匙，它能够帮助你释放出最大的潜能，而拥有了它，你至少已经成功了一半。

只要你生命尚在，无论你遭受多么大的打击，你也不要放

弃自己，你要坚定地告诉自己：天无绝人之路，更无绝人之境。只要你不放弃自己，世界就不会放弃你。这是一种自信，一种能开发人潜能的自信。

第一个黑人奥运女子百米冠军叫威尔玛·鲁道夫，是至今令我感动的励志典范。

威尔玛·鲁道夫从小就"与众不同"，因为她幼年患有小儿麻痹症，不要说像其他孩子那样欢快地跳跃奔跑，就连平常走路都做不到。寸步难行的她非常悲观和忧郁。随着年龄的增长，她的忧郁和自卑感越来越重，她甚至拒绝所有人的靠近。但也有例外，邻居家的残疾老人是她的好伙伴。老人在一场战争中失去了一只胳膊，但他非常乐观，她也非常喜欢听老人讲故事。

有一天，她被老人用轮椅推着去附近的一所幼儿园，操场上孩子们动听的歌声吸引了他们俩。当一首歌唱完，老人说："让我们为他们鼓掌吧！"她吃惊地看着老人，问道："我的胳膊动不了，你只有一只胳膊，怎么鼓掌啊？"老人对她笑了笑，解开衬衣扣子，露出胸膛，用手掌拍起了胸膛……

那是一个初春的早晨，风中还有几分寒意，但她却突然感觉自己的身体里涌起一股暖流。老人对她笑了笑，说："只要想做到，一个巴掌也可以拍响。你要是想做到，你也一定能站起来的！"那天晚上，她让父亲写了一张纸条贴在墙上："一个巴掌也能拍响!"从那之后,她开始配合医生做运动。无论多么艰难和痛苦,她都咬牙坚持着。有一点进步了,她又以更大的受苦姿态,来求得更大进步。甚至父母不在家时,她自己扔开支架,试着走路……蜕变的痛苦牵扯到筋骨。她坚持着,相信自己能够像其他健康孩子一样行走、奔跑。

11 岁时,她终于扔掉支架,开始向另一个更高的目标努力着:锻炼打篮球和参加田径运动。1960 年,罗马奥运会女子100 米决赛,当她以 11 秒 3 第一个撞线后,掌声雷动,人们都站起来为她喝彩,齐声欢呼着她的名字:"威尔玛·鲁道夫!威尔玛·鲁道夫!"那一届奥运会上,威尔玛·鲁道夫成为当时世界上跑得最快的女人,她共摘取了 3 枚金牌,也是第一个黑人奥运女子百米冠军。

任何时候,只要我们不放弃自己,就没有走不出的人生低谷。不能因为一时的挫折就把自己的一生永远地困在逆境的泥沼中。生命的可贵之处在于,它为我们的人生创造了无限有的可能,人生也因此而显得绚丽多彩。

年轻的你,各方面条件和资质都比威尔玛·鲁道夫要强,你没必要去复制她的经历和成功,但你要明白她身上那种积极精神的意义。每个人都会有遭遇生活中尴尬情况,都会有遭受挫折和不幸情况。这个时候,如果你不相信自己,很可能就真的会被别人看不起;而你若是敢于勇敢地自嘲,不仅体现了你的睿智和幽默，让大家为你叫好，而且更是一种自信的表现，这种自信散发出的光芒完全可以遮盖住你的尴尬，还会不自觉地激发你的潜能。

我记得，在2008年金融危机爆发之时，时任总理温家宝曾经说过："信心比黄金还要重要。"因为黄金是死的，是外在的，而信心是活的，是蕴藏在体内的。这句话对个人而言，尤其是对渴望开发自身潜能的人而言，同样适用。信心比黄金还要重要。因为一个人哪怕遇到再大的苦难，只要信心还在，总会有转机，总有一天会迎来曙光；因为一个人信心满满地去做某件事，将会最大限度地发挥自己的能力，从而诱发潜能的迸发。

所以，自信是释放潜能的金钥匙，请你握紧这把金钥匙，当你坚定地相信自己时，你就已经成功了一半。

暗示自己能做得更好，你将真的会变得优秀起来

年轻的你，需要经常给自己这样的心理暗示：我一定可以做好，我一定可以做得更好。这是你走进社会时最大的本钱，也是你未来事业发展的最大动力源泉。毕竟，无论你什么学历，无论你什么专业，无论你学什么技术，当你走上社会，走上工作岗位，你都是学徒级别的，你最大的竞争优势不是工作技能，而是你的干劲儿与活力。

你或许不知道，心理暗示具有一种神奇的魔力。它很大程度上可以引导事情真实的成败得失。这么说来似乎有点唯心主义的味道。但是，宇宙如此浩瀚奇妙，不可解释。这个世界一定有着某些无法用科学来证明的事情。

每个人或多或少都有过这样的时刻。你内心隐隐有一种不安，你觉得自己可能会把事情搞砸，那么事情的结果很可能真如你想象的那样，结局变得一塌糊涂，让人不忍目睹；但是，反过来假如你对于某件事情的未来，怀有一种美好与期待，还

有着内心的坚定与向往，你相信你有能力得到你所想要的结果，那么事情真的会很奇妙地顺着你的意思发展，结局当然是皆大欢喜。

这样事情，想必你也曾经历过。但是，你是否探索过为什么会出现这种现象吗？我今天告诉你，这就是心理暗示。

心理暗示是一个古老而聪明生命力的学问。古今中外，心理暗示都伴随着人民的日常生活存在。西方国家的心理治疗师，中国传统文化中的算命先生，都是通过心理暗示去引导他人的。只不过，我们这个时代将算命笼统归结于封建迷信，没人想到这是通过心理暗示开导人罢了。

什么人爱算命？有人说是女人，有人说是老人，有人说是孩子。但是，我告诉你，都是也不是。对未来不自信的人才是爱算命的人——请人预算他的未来，也无非是对他的未来的一种心理暗示而已。

其实，我们的命运自己把握，没必要去请人算命，给我们心理安慰和心理暗示，我们自己也能对自我进行心理暗示。明天早上出门前心里默默念叨几次"我一定能行""我努力我就是最棒的""只要我努力，我一定能创造奇迹"类似正能量的话。然后在学习和工作中朝着这样的目标去发展自己，经过长期的积累，你即使不能实现像你内心期待的那样优秀，比起原来的你，你会发现有脱胎换骨的变化。

为什么会这样呢？暗示自己能够做得更好，你自然会在行动上真正地表现出更好的举动，会把事情处理得更加细致和完美。长此以往地将一件又一件的小事做好，你就会真正地变得更加优秀起来，而优秀的你怎么可能不成功呢？

年轻的你，需要经常给自己这样的心理暗示：我一定可以做好，我一定可以做得更好。这是你走进社会时最大的本钱，也是你未来事业发展的最大动力源泉。毕竟，无论你什么学历，无论你什么专业，无论你学什么技术，当你走上社会，走上工作岗位，你都是学徒级别的，你最大的竞争优势不是工作技能，而是你的干劲儿与活力。

更深层次的，在你参加工作的组织中，在你的同事中，有丰富工作经验的前辈，有同样是新人但学历、能力比你强的人。你只是一个普通的新人，你内心开始自卑起来，你觉得在这么多强人面前，自己实在弱小，实在比不过他们，那么你将会"如你所愿"。

此时，年轻的你虽然在工作中要努力保持谦虚礼貌，但内心一定要"初生牛犊不怕虎"，想着"我一定能""只要我足够努力，我一定能超越他们"，然后接触优秀的人，学习优秀的人，最终才可能赶上和超越优秀的人。

当然，心理暗示在其他方面对人的影响，想必你也清楚。尤其是在考试或者比赛当中，上场前的心理暗示对其最终取得的成绩有非常明显的影响，它能决定你发挥的水平是向正常水平的高端偏移还是向低端偏移。因而，年轻的你遇到考试或者比赛时，你一定要有积极的心理暗示，一定要在内心反复强调"我行""我一定行"。

有一个故事非常有意思，也非常值得人深思。

当年中国队派出一名年轻的乒乓球运动员，去日本与日本球员参加国际对抗赛。这位运动员虽然也经过了无数次的训练，也获得过不少的奖励，但是毕竟年轻，觉得自己是代表国家，要为国家争取荣誉，内心总有些诚惶诚恐，怕自己万一输了就很丢人。越想他心里就越害怕，手心都冒起了汗。

见到对手之后，他上前要去与对手握手，竟然发现对手的手不仅冒汗而且还是冰冷的，原来对手比自己还要担心、紧张。

他一下子放松了心情，变得乐观和自信起来，胜利也很快地到来。其实，双方的实力并不可能在短时期内有所改变。但是，竞争对手的心态变了，对自己的心理暗示改变了，就可以改变结局。这位年轻对手不断地给自己积极的心理暗示，最终真的打败了日本对手。

当然，我们大多数人是不可能天天上这种场面比赛的。但这并不说明心理暗示就离我们遥远。对年轻人来说，心理暗示还影响着自己恋爱婚姻的成败走向。例如，很多适婚的男女青年都要通过相亲来认识伴侣。有些人在相亲之前就会不自信，觉得自己身高不够，觉得自己长相不行，觉得自己学历不高，等等。在去的路上就在为自己担忧，怕自己可能说错话或者做错事，最终达不到理想的结果。如此犹疑悲观的态度是会通过内心写到脸上去的，对方能够看上并喜欢你才怪呢。相反，相信自己就是优秀的，相信自己只要大方展示自己就可以了，那么当你坐到对方面前时，对方眼中就是一个无比优秀甚至可能是完美的你。

相信暗示所具有的神奇魔力吧！它真的可以改变事情的发展，甚至改变你的整个人生的规律。你每天必不可少的是，多给自己一些积极而美好的暗示。例如，闭上眼睛时，你想象一下那个美好的自己。天长日久，你将真的变得优秀，而且你还会变得越来越优秀。

提高对自己的期望，你有目标就不会感到迷惘

那些从来不会迷惘的人，身上究竟会有着怎样的"灵丹妙药"呢？说白了很简单，那就是他们的人生有着清晰的目标。他们知道自己什么阶段要达成什么目标，不纠结过往，不安于现状，朝着目标，一步一步地提升自己，通过达成目标，来塑造一个更加完美的自己。

"迷惘的一代"曾经泛指某个时代的青年，面对时代变化的快速，因为找不到人生的方向，开始变得焦虑不已，不知道自己未来的人生究竟该何去何从，自己究竟该怎么做才能够毫无遗憾地度过这一生。你或许也曾经在某段时间内迷惘过的。

只要你稍微留意，你就会发现在这个社会中迷茫的年轻人有很多很多。在这些年轻人中，有些可能是非常优秀的大学毕业生，他们刚刚走出校园，面对如此复杂的社会环境不知所措；有些可能是工作过一段时间的年轻人，他们努力很久之后，觉得自己的事业似乎并没有什么起色，觉得自己所在的行

业似乎并没有什么发展前途。但真要转行又怕自己冒风险，便在一时之间也不知道该如何是好；有些人可能事业上已经有了一些基础，不过觉得人生如果就这样安稳度日好像也没有什么意思。但是真的要出去独立门户开创事业，似乎也并不是那么容易说干就干的事，于是也陷入到了深深的迷惘中。

看来，在我们这个时代，很多人都不同程度地感到迷惘，甚至内心来回彷徨。有人在迷惘中堕落，终日不知道自己所做为何；有人在彷徨中蹉跎了岁月，万一哪一天老之将至，必然给自己留下无尽的遗憾。年轻的你，是奔着自己的梦想闯世界的，迷惘的陷阱是一定要避免的。

世界之所以能够和谐美好存在，正是因为万物具有多样性。我们都知道，有迷惘彷徨的人，自然也有头脑清晰活得明白的人。那些从来不会迷惘的人，身上究竟会有着怎样的"灵丹妙药"呢？说白了很简单，那就是他们的人生有着清晰的目标。他们知道自己什么阶段要达成什么目标，不纠结过往，不安于现状，朝着目标，一步一步地提升自己，通过达成目标，来塑造一个更加完美的自己。

如果你目前是一个公司的主管。你已经做得非常顺手了，但是这个时候，如果你仅仅只是安于现状，觉得这样人生就可以了，那么当你看到比你年轻的后辈们都在奋力赶超你时，你就会发现一个可怕的事实：不进则退。你会不由自主地焦虑和迷惘起来。所以，你应该给自己设立一个目标，通过几年的努力，做到经理的职位，再通过几年的奋斗，争取可以到达最高管理层。而实现这些目标都需要达到什么要求，完成什么任务，把它们都拆分开来化成你平日的行动。当你整个人都为着你的人生目标不停地忙碌起来时，你哪还有时间和精力来迷惘？当你达成一个个目标之后，你终将发现所有过去的岁月都没有对不起自己，都是那么的值得，而这才应该是最最美好的部分！

如果你的事业已经有了不错的基础，但你觉得自己的生活比较枯燥乏味。你也可以为自己设定一些生活上的目标，让自己的生活也变得丰富而充实起来。比如，你完全可以学习一门艺术，无论是吉他还是摄影都可以，只要是你发自内心真正地热爱，然后用行动去做这一些事情，把它们变成自己真正的爱好。可千万别小看它们，要真正地掌握甚至是"玩透"它们，不下足功夫，那可是毫无用处的。当你在这样的目标上奋力向前时，你怎么可能还有时间去迷惘？你的吉他水平或者你的摄影技术得到了很好的提升，会使你的生活中遇见更多的美好，你的人生将有更多美好的风景。

如果你已经成家，并且有了孩子。那么你身上的责任就更加重大了。你可千万不能再迷惘不安了。要知道只有一个人时，还可以过一人吃饱全家不饿的生活，但是有了伴侣有了孩子之后，我们要考虑到的事情就更加多了。我们更应该为自己为整个家庭确立明确的目标，朝着这个目标努力，给爱人更好的生活，给孩子更好的未来。这样，人生完全不会蹉跎，当你回过头来，你会发现自己曾经脚下的路是多么的了不起啊。当你看到现状时，你会发现爱人和孩子脸上的笑容是多么的灿烂美好啊！

　　每个人都希望自己可以走过一个毫无遗憾的人生。但是，人生又没有彩排，所有的人生就像一列单程的列车，没有回头的路。所以，哪怕你设计得再好，如果你不用双脚去前行，也都是没有用的，而且仅仅是想而没有行动，只会耗费时间，蹉跎岁月。最好的办法就是，你为自己设立一个又一个目标，有了目标就有了前进的方向，也就有了人生的动力。你会活成你期望的样子，给自己一个完美的交代。

别跟自己的天性对着干，你的潜能跟别人不一样

你的潜能跟别人不一样，不一定要去羡慕别人，也没必要去学习和模仿别人。但是，你要学会去挖掘自己的潜能，学着去了解自己独有的天性，然后顺着自己的天性去塑造自我。

每个人都是携带着某种天生的基因来到这个世界上的，所以每个人天生就有着各种各样的不同；每个人也都有着各色各样不同的人生经历，所以不同的人喜欢什么擅长什么也都不同。

换句话说，你的潜能跟别人不一样，不一定要去羡慕别人，也没必要去学习和模仿别人。但是，你要学会去挖掘自己的潜能，学着去了解自己独有的天性，然后顺着自己的天性去塑造自我。

例如，如果你是一个从小就充满各种艺术细胞的人，但对数字特别不敏感，你就应该努力去变成一个艺术家，而不要想

在财务方面干出一番事业。否则，无论多努力，你的结局肯定会是事倍功半的。

有些蕴含在体内的潜能，但自己本身却并不一定十分清楚。它需要在特定的条件下，由外在的条件来激发它，才能绽放出光彩。

俄国戏剧家斯坦尼斯拉夫斯基在排一场话剧时，女主角因病不能参加演出，出于无奈，他只好让他大姐担任这个角色。他大姐虽然从小受到艺术的熏陶，但从未演过主角，自己也缺乏信心，所以排演时演得很糟。

斯坦尼斯拉夫斯基非常不满，很生气地说："你演的这个戏份是全戏的关键，如果你继续演得这样差劲，整个戏就不能再往下排了！"

这时，全场寂然，受到屈辱的大姐久久没有说话。突然，她抬起头来坚定地说："排练！"

一扫过去的自卑、羞涩、拘谨，她演得非常自信、真实。最后斯坦尼斯拉夫斯基高兴地说："从今天以后，我们有了一个新的大艺术家。"

有些潜能可能在平时不仅自己发现不了，就连周围的人也都不一定能发现。这个时候，你就需要有足够的耐心和毅力来等待。时间是不会骗人的。终有一天，你会发掘自己的潜能，并利用它实现你人生的价值。

有一位名叫史蒂文的美国人，他因一次意外导致双腿无法行走，已经依靠轮椅生活了20年。他觉得自己的人生没有了意义，喝酒成了他忘记愁闷和打发时间的最好方式。

有一天，他从酒馆出来，照常坐轮椅回家，却碰上3个劫匪要抢他的钱包。他拼命呐喊、拼命反抗，被逼急了的劫匪竟然放火烧他的轮椅。轮椅很快燃烧起来，求生的欲望让史蒂文忘记了自己的双腿不能行走，他立即从轮椅上站起来，一口气跑了一条街。

事后，史蒂文说："如果当时我不逃，就必然被烧伤，甚至被烧死。我忘了一切，一跃而起，拼命逃走。当我终于停下脚步后，才发现自己竟然会走了。"

如今，史蒂文已经找到了一份工作，他身体健康，与正常人一样行走，并到处旅游。

从相反的角度来讲，一个人哪怕再有独特的潜能，但自己不想利用它，潜能也便只能永远潜藏在深处，最终那个人一生也只能平平淡淡，永远无法获得真正成就。也就是说，才华横溢的人并非就一定能做出相应之事。这类人，想必你也遇到过，那些人的才华并不差但一辈子却过得非常普通甚至有些潦倒。

最后，我要提醒你的是，年轻的你，要静下心来去了解自己真正的天性，顺应自己的天性而为。这样，你的潜能将得到最美的绽放。切记跟自己的天性对着干，赶时髦或者模仿别人去"开发自己的潜能"。那样，你可能永远都过不上自己期待的生活。

别迷失在别人的成就里，你要将自己的特长转化成优势

你要做的，不是去模仿别人的成功，因为人与人之间差别非常大。你需要做的是静下心来清醒地认识你自己，清晰地知道自己身上的特长，并努力地将它们转化成你的人生优势，把这些优势发挥到最大，你就是你自己的人生赢家。

一个人如果永远只知道去仰视别人的成就，永远活在别人成功的光环之下，那么这个人将永远无法活出真实的自我，也就永远不可能有成功和幸福的人生。我要告诉你的是，年轻的你，要欣赏别人的成就，更需要成就自己的事业。

很多时候，身边有一些成功人士确实可以为你树立好榜样，可以成为你更好地走自己人生道路的路标，帮你更好地去完成自己的人生使命。别人的成就可以用来激励自己奋发有为，让自己也成为更好的人，这是一件非常好的事。但凡事都有一个度，一旦超过这个度，事情很可能就会朝着相反的方向发展。如果你在欣赏别人成就时失去了一个自我，那么这事也

就变成你发展的阻碍。

因为，有些人可能会觉得别人的成就太闪亮，会去把别人的成就当作"神话"一般看待，好像他就是一个特殊的存在，自己是万万达不到的，只能够远远地欣赏和崇拜，而自己依然是那个普通的自己。更有甚者，还会因为别人的成就相形见绌，一下子觉得自己是如此的卑微弱小，好像恨不得地下有个洞好让自己钻进去。

其实，你完全不必这样想。别人取得别人的成就，是因为别人有别人独特的优势在，是因为别人有通过他自己的努力之后，把自己独特的优势发挥到了极点。你也同样有你自己的优势，你的优势跟别人并不一样，你如果去模仿他，你也许永远不可能赶超得了他。但是你把自己独特的专长转化成优势，再把优势发挥出来，你将会成就属于你自己的辉煌人生。

在上学时，总有一些人学习成绩特别好。几乎每次考试都是班级里前几名，这些人也似乎特别能够受到老师的喜爱和同学的钦佩。而与此同时，总有另外的一群学生，他们或许天生就不是学习读书的料吧，学习马马虎虎，考试成绩似乎怎么努力也是上不去的。你说一定要让这群人去与学习成绩前几名的学生拼，也许拼得头破血流，也一样于事无补，只因为每个人的特长不一样。而且，人生如此漫长，求学阶段只是人生的一小部分而已。这些学习成绩不够理想的同学，也许会有别的特长，有些人天生擅长画画，有些人可能具有体育天赋，他们完全可以另辟蹊径，在属于自己的特长之路上走出自己的优势，走出自己的精彩。

最后，那些成绩优秀的同学有可能考上名校。但是，如果你画画突出，你可以考美术类学院。如果你体育能力特别出众，你也可以考体育大学等学校。说不定，你未来的人生之路会比那些成就优秀的人更加精彩。

在学校里是这样，到社会上之后就更是如此。每个人之前的经历都各不相同，每个人身上的特点自然也不一样。有一个生性内向的人，去听了一次著名演说家的演讲之后，被他的口才和强大的语言渲染力深深地吸引和折服了。他特别羡慕和崇拜这位演说家，特别希望自己有朝一日也可以成为演说家。也许他通过一定的努力也终会有实现的可能。

但是，这终究不是他的优势所在。他天生内向，却也心思细腻敏感，从小就善于通过文字来抒发感情和表达思想。那么，他的人生也许并不一定可以通过嘴来获得成功，他完全可以运用手中的那支笔来写下自己辉煌的一生。

如果这个人一味地盲从那位演说家，去学习他的演讲知识和演讲技巧，就是迷失在了别人的成就里了。因为这不仅不是那个人的所长，而且恰恰相反，这正是他最最脆弱的薄弱点。如果他能清醒地认知自我，开始发挥自己写作的才华，就可以迅速地把自己的特点转化成优势。相信最终，他会成为一名饱受大家喜爱的作家。

别人的成就再怎么闪亮，那都是别人的，说白了跟你是没有关系的。而别人的成就究竟怎么获取的，你也许并不是清楚地知道。你能看到的不过是很表面的一层。背后有他的努力，自然也有他从小就发现的自身特点。你要做的，不是去模仿别人的成功，因为人与人之间差别非常大。你需要做的是静下心来清醒地认识你自己，清晰地知道自己身上的特长，并努力地将它们转化成你的人生优势，把这些优势发挥到最大，你就是你自己的人生赢家。

用积极的心态去唤醒你身上沉睡的宝藏

每个人都有各种各样不如意的事。你觉得你没有考上理想的学校，你认为你没有找到自己想要的事业，你甚至怀疑自己一生都找不到爱的伴侣。无论哪种情况，天都不会塌下来，任何时候你都不至于绝望。只要你心态是积极的，只要你心中装有阳光，你满身沉睡着的宝藏终将会被你唤醒。

哪怕这个世界仅仅只是给了你一点微光，你也要用积极的心态去面对，因为说不定在哪个你不知道的瞬间，它会变成一片火花，照亮你整个世界。哪怕你的面前一片漆黑，毫无亮光，你也不能灰心绝望，因为说不定这就是黎明前的黑暗。你要有足够的信心，相信曙光就在不远处等你。

每个人都有各种各样不如意的事。你觉得你没有考上理想的学校，你认为你没有找到自己想要的事业，你甚至怀疑自己一生都找不到爱的伴侣。无论哪种情况，天都不会塌下来，任何时候你都不至于绝望。只要你心态是积极的，只要你心中装有阳光，你满身沉睡着的宝藏终将会被你唤醒。

　　美国诗人沃尔特·惠特曼，有一部著名诗集的名字叫《草叶集》。惠特曼是一个木匠的儿子，但他狂热地喜爱诗歌。他的第一本诗集印了 1000 册，但很可惜，一本都没卖掉。他只好把这些诗集全都送了人。当时已功成名就的美国著名诗人郎费罗、洛威尔和霍姆斯等人，对这本小册子根本不屑一顾，大诗人惠蒂埃甚至把它丢进了火炉里。因为在他们眼中，一个木匠的儿子，根本就不配写诗。

　　方方面面的冷落和骂声，像寒冬的北风一样袭来，他的心顿时冻成了冰块。就在他几近绝望时，意外地收到了一位诗人的回信，那人对他的诗集大加赞扬，并说："我认为它是美国至今所能贡献的最了不起的聪明才智的精华。"

　　这真诚的夸奖和赞誉使他犹如在濒死的边缘，看到了希望的曙光。那位写信对他予以赞美和鼓励的诗人，乃是当时美国文坛的名宿爱默生。他从此坚定了自己写诗的信念。多年后，他成为美国甚至全世界公认的伟大诗人，他唯一的诗集也成了美国乃至人类诗歌史上的经典。

　　只要心中有不灭的火焰，只要永远怀着积极主动的心，便一定可以创造出属于自己的世界。那些做出杰出成就的人，无不都是这样的：像全球华人首富李嘉诚，汽车玻璃制造商曹德旺等。

全球华人首富李嘉诚刚上初中时，父亲因劳累过度不幸染上肺病，他一边照顾父亲，一边拼命温习功课，然而父亲还是没能熬过去。作为长子，他不得不无奈地结束学业，挑起赡养母亲、抚育弟妹的重担。他的第一份工作是在舅舅的中南钟表公司当泡茶扫地的学徒。他每天总是第一个到达公司、最后一个离开公司。他坚信，建立更好的自己，才能建立更好的未来。后来，他的名字被世人熟知。

中国第一、世界第二大汽车玻璃供应商曹德旺，小时候家里很穷，很长一段时间家里一天只能吃两顿，即使是两顿，还都是汤汤水水，根本填不饱肚子。他9岁才上学，念到14岁，因为家境实在太艰难，不得不辍学回家。母亲向生产队申请领养了一头牛，于是他开始了他的第一份工作——当放牛娃，他一天能挣两个工分。他知道唯有知识能改变命运，于是他一边放牛，一边如饥似渴地读他能借到的所有的书。后来，他创办了福耀玻璃集团。

这些成功人物的起点都很低，但是起点低并不能阻碍他们人生的"发动机"。他们心中那炽热的梦想一旦被点燃之后，就将永远无法熄灭，最终通过努力拥有了辉煌的人生。

凡俗的我们在这个世界上行走，受到别人的非议和冷落是不可避免的。但我们千万不能被批评的唾沫湮没向上的渴望，被冷漠的眼神封锁萌动的激情。因为我们有理由相信，即使黑暗无边无际，但总有一盏灯火能为你点燃，为你驱散心灵上的阴霾，给你温暖，给你慰藉，给你信心和勇气，哪怕，那仅仅是一点微光。年轻的你，一定要明白，只要你有希望，只要你心态积极，你的潜能就可能被开发。

让自己更杰出，在平淡无奇的生命中开发金矿

平凡其实没有什么不好的，每个人必然都要经历平凡。所以千万不要敌视平凡，因为平凡中自有你发挥才能的余地。在看似平淡无奇的日子中，你可以有足够的闲暇来积蓄力量，迈向成功。

那些被认为是杰出的人，并不是一开始就是杰出人物，也不可能某个瞬间突然成为杰出人物。在他们的生命历程中，更多的也不过是过着平凡的日子。只不过，他们或许更加擅长在平淡无奇的生命中，开发自己身上的那座金矿。他们日复一日，年复一年，终于开掘出了金矿，于是成了闪闪发亮的金子。

任何奇迹，都有它平凡的开始；任何伟大，都来自于微小的改变。我们现在也许平凡，但如果相信自己是金子，那么在平凡的日子里，也终会有创造出奇迹的一天。只要我们善于从小处着手，善于去改变自我，那么伟大将是不久之后的现实。

很多时候，平凡与不平凡之间的转化或许只在一个瞬间完

成，又或者它们两者只是因为角度或看法理解的不同，而有着不同的含义。小草是平凡的，但它默默地绽绿吐翠，同时它又是不平凡的，因为有了它，大地才充满生机；石子是平凡的，但它甘愿充当铺路石，同时它又是不平凡的，因为有了它人们才有了道路；农民是平凡的，他们每天默默耕耘，同时他们又是不平凡的，因为有了他们的辛勤劳动，我们才有了美味的粮食……当你可以为社会为他人创造独一无二的价值时，哪怕你平凡得再不起眼，你也一样是了不起的。

雷锋是一名普通的中国人民解放军战士，也算是一个很平凡的普通人。但是他本着全心全意为人民服务的信念，在短暂的一生中帮助了无数人，虽然那些事情也许是极其细微的，但是让人们感动与怀念，雷锋这个名字就被我们牢记了，而"雷锋精神"也在激励着一代又一代的人。

雷锋离我们已经逐渐远去，但是精神在我们这个时代依然永存。几年前，安县桑枣中学校长叶志平的故事曾引起社会广泛关注，被广大网友亲切地称为"史上最牛校长"。作为校长，他知道，确保娃娃们的安全责任重大，所以他一次又一次地进行安全教育，一遍又一遍在组织避险演习。当大地震骤然来临时，2200 多名学生在 1 分 36 秒中全部撤离到操场上。闻报师生都平安，叶志平校长哭了。这泪中更多的是欣慰。他只不过是在平凡的岗位上、平凡的日子里，把简单的事情重复做，做到了极致，一旦危难发生，他的那些平凡的行为就可以挽救2000多个年轻的生命，而这又是多么不平凡的事迹啊！

平凡其实没有什么不好的，每个人必然都要经历平凡。所以千万不要敌视平凡，因为平凡中自有你发挥才能的余地。在看似平淡无奇的日子中，你可以有足够的闲暇来积蓄力量，迈向成功。迪斯尼喜欢画画，虽然他的画不为他人所喜爱，但他依旧拿着自己的画稿一次又一次地向报社走去。一块面包引来的老鼠，让他有了画老鼠的奇思妙想，"米老鼠"随之问世，得到了人们的喜爱和好评。迪斯尼作为一名普通的绘画爱好者是平凡的，但平凡中给人更多的是他不平凡的构想。所以才有了他最终的成功。

现在那些被我们熟知的影视明星，虽然现在他们身上有了闪耀的光芒，但是他们也都曾经有过平淡无奇的日子。他们都是在平淡中挖掘出了自己的人生金矿才有了如今的辉煌，而不是一开始就那样光鲜。

如果你觉得你现在还非常平凡，如果你觉得现在过着的是平淡无奇的日子，如果你觉得你想要的一切离你还非常遥远，千万不要灰心丧气。年轻的你，一定要相信，平淡无奇的日子和平淡无奇的生命，在未来看来都是弥足珍贵的。在这样的日子里，你要善于发掘自己的才能，开发自己的金矿，日积月累，你可以成为更加杰出的自己。

人生最重要的事就是发掘自己的潜力

你没有做得更好，只因为你还没有更多地发挥出你的潜力。因为每个人的潜力都是无穷的。人生最为重要的事，不是挣多少钱，做多大事业，而是发掘自己的潜力，让自己的独特价值最大限度地彰显出来。

有人曾说，20世纪最伟大的科学家是爱因斯坦。爱因斯坦死时曾表示，愿意将他的大脑捐献出来供人们研究。后来科学家研究发现，实际上爱因斯坦的大脑使用还不到全部的10%。连最伟大的科学家的大脑使用都不到10%，那作为其他的普通人用了多少呢？有些人不到5%，有些人则连1%都不到。这说明大脑至少有90%被荒废掉，这就是人类最伟大的发现，比爱因斯坦的相对论还伟大！想一想爱因斯坦使用不到10%的大脑，就可以成为最伟大的科学家，取得许许多多惊人的发现，那么我们如果多开发1%甚至10%，那结果会是怎样？肯定是不可想象的！

根据脑科学研究表明，如果一个人的大脑得到全部开发，那么他将学会 40 种语言，拿 14 个博士学位，将百科全书从头到尾一字不漏地背下来，他的阅读量可以达到世界上最大的图书馆 1000 万册的 50 倍！一点不夸张地说，只要一个人的大脑得以全部发挥，便将完成所有可以想象得到的事情。而我们每个人都拥有这样的大脑，拥有能成为爱因斯坦，能成为比尔·盖茨的大脑。而最终成为什么样的人，就靠你怎么去开发你的大脑，开发了多少？每个人自己就是一座宝藏，身体里有源源不断的能量等着你自己去挖。

有一则故事是这样的：

有两位年届 70 岁的老太太，一位认为自己到了这个年纪可算是人生的尽头，于是便开始料理后事；另一位却认为一个人能做什么事不在于年龄的大小，而在于怎么个想法。于是，她在 70 岁高龄之际开始学习登山。随后的 25 年里一直冒险攀登高山，其中几座还是世界上有名的。就在后来她还以 95 岁高龄登上了日本的富士山，打破了攀登此山的最高年龄纪录。她就是著名的胡达·克鲁斯老太太。

还有另外一个故事是这样的：

一位农夫在谷仓前面注视着一辆轻型卡车快速地开过他的土地。他 14 岁的儿子正开着这辆车，由于年纪还小，他还不够资格考驾驶执照，但是他对汽车很着迷——似乎已经能够操纵一辆车子。因此，农夫就准许他在农场里开这客货两用车，但是不准上外面的路。但是突然间，农夫眼看着他的儿子把汽车翻到水沟里去，他大为惊慌，急忙跑到出事地点。他看到沟里有水，而他的儿子被压在车子下面，躺在那里，只有头的一部分露出水面。

这位农夫并不很高大，根据报纸上所说，他有 170 厘米高，70 公斤重。但是他毫不犹豫地跳进水沟，把双手伸到车下，竟然把车子抬了起来，足以让另一位跑来援助的工人把那失去知觉的孩子从下面拽出来。当地的医生很快赶来了，给男孩检查一遍，只有一点皮肉伤，需要治疗，其他毫无损伤。

这个时候，农夫却开始觉得奇怪了起来，刚才他去抬车子时，根本没有停下来想一想自己是不是抬得动。由于好奇，他就又试了一次，结果根本就动不了那辆车子。医生说这是奇迹，他解释说身体机能对紧急状况产生反应时，肾上腺就大量分泌出激素，传到整个身体，产生出额外的能量。这就是他提出来的唯一解释。要分泌出那么多肾上腺激素，首先当然体内得产生那么多腺体。如果自身没有，任何危急情况都不足以使其分泌出来。

由此可见，一个人通常都存有极大的潜在体力。

这一类的事还告诉我们另一项更重要的事实，农夫在危急情况下产生了一种超常的力量，并不仅是肉体反应，它还涉及心智的精神和力量。当他看到自己的儿子可能要淹死时，他的心智反应是要去救儿子，一心只要把压着儿子的卡车抬起来，而再也没有其他的想法。可以说是精神上的肾上腺引发出潜在的力量。而如果情况需要更大的体力，心智状态就可以产生出更大的力量即潜能。而在平常，那个农夫顶多只能举起 1/10 的重量，这是关于人类有着巨大潜能的真实例子。

狗急能够跳墙，人急能够爆发潜能。安东尼·罗宾指出，人在绝境或遇险时，往往会发挥出不寻常的能力。人没有退路，就会产生一股"爆发力"，这种爆发力即潜能。人的潜能是多方面的：体能、智能、宗教经验、情绪反应，等等。然而，由于情境上的限制，人只发挥了其 1/10 的潜能。

你没有做得更好，只因为你还没有更多时期可以发挥出你的潜力。因为每个人的潜力都是无穷的。人生最为重要的事，不是挣多少钱，做多大事业，而是发掘自己的潜力，让自己的独特价值最大限度地彰显出来。

第四章
你能干什么，
决定你将成为什么样的人

无论你现在是贫穷还是富有，无论你现在职位高低，别人对你真正的认识和欣赏，都是源于你的价值，而你的价值归根结底源于你的能力。年轻的你，一定要明白：任何人的成功都是干出来的；你是谁不重要，重要的是你能干什么；只要你干得足够努力，你也会创造奇迹；你能力足够强时，机会才会垂青你；要想活得无可替代，你先要拿点绝活出来。

真正的欣赏是对有能力者的认同

无论你现在是贫穷还是富有，无论你现在能力大小，你都要重视培养自身的能力，努力去做一个真正让大家欣赏的人，一个让大家称赞的人。唯有他人这种出自内心的真正认同，才能体现出你独特价值所在。

很多人说，现在是一个"看脸的社会"，颜值决定一切。长得漂亮的女人会有更多的人爱，长得英俊的男人也能得到更多女人的欣赏。不可否认，长得好看的人，在如今这个社会中确实占不少的优势，长得好看的人似乎比长相普通的人，无论是求职还是升迁，都能够得到更多的机会，都会有更多人来欣赏他。

也有另外一种说法，现在是一个"看钱的社会"。只要你有钱，哪怕你没文化没学历，没能力没内涵，你就是一个一无是处的人，一切都没有关系。因为当你遇到麻烦时，你的钱就可以为你摆平一切。你足够有钱的话，就可以吸引到一大群人来围绕到你身边，你可能也会活得足够潇洒。

这些都是社会现实，但不是社会的全部，更不是真理，而是社会现象中的一个片段，是根据某些现象简单推理得出的结论。

你要明白，一个人的脸很大程度上是由先天的基因决定的。并且随着时光的流逝，随着年龄的增长，再漂亮的脸上都会开始布满皱纹，漂亮是会随时光溜走的。如果一个人只有脸，光靠脸，没有任何其他的本事，那就如同一只花瓶，而一只只能做摆设的花瓶，最终是不会得到任何人欣赏的。

而一个人很有钱，在这个现实的社会中当然会很有用处。但是，钱也并不是万能的。如果你的钱并不是靠你自己的付出获得的，而是你的父母给予你的，或者是靠不光彩的手段获取的不义之财，那么这个钱并不会令你有价值所在。或许因为你有钱别人会尊重你，如果你没有令人信服的能力或者你的能力与你拥有的钱财不相匹配，那么别人实质上看重的是你的钱，而不是对你本人真正的尊重和欣赏。

况且，钱财乃是身外之物，有钱也只不过是财富暂时归你管理而已，你并没有能力永恒地拥有它。最终有钱也可能变得没有钱，如果你能力匹配得上你拥有的财富，你将能保住它，如果你的能力不足，那么钱财迟早也会离你而去。

事实上，人们真正欣赏一个人往往是对这个人能力的认同，而并不会取决于能力之外的东西。而能力的获得并不是偶然的，也不是一朝一夕的，而是通过长期的坚持努力所获得的。能力的表现，不是靠你光会吹牛就行的，而是要看你实实在在的行动。看你在关键时刻，能不能抗住事，能不能摆平事，能不能让人真正的放心。

我有个同学，现在经营着一家图书公司，主做网络销售。他的长相，那简直就是外星球来的，在没见过他这张脸之前，你发挥再大的想象也根本想象不出人类会有这样的样子。但是，他的图书公司经营得风生水起。很多出版商都争相与他合作。

见过他的人都会相信，他并不是靠脸成功的。他长得不好看，又出生于一个普通的家庭，考了一个很普通的师范大学，开始创业时手头并没有多少资金，而是从开网店开始的。因此，他也并非靠钱赢得人们的爱戴。

那么究竟靠的是什么呢？靠的就是他出色的能力。他有着强大的号召力，能够把身边有能力、有干劲的人聚集起来，一起去成就事业；他有着出色的感染力，听过他演讲的人，无不会为他精彩的思想与观点吸引和感染，他也有着强大的抵抗压力的能力，无论遇到再大的困难，都没有倒下趴下。

他在网上开了几十家流量非常大的网店做着图书销售。他用他的能力，为普通商人带来就业生存和发展的机会，也为广大消费者带来更便捷的购书体验和更美好的生活方式。可以说他成功得到了大家对他能力的强烈认同。

而另外一些人，倚仗着自己是名人的子女，或倚靠着自己父母是有钱人，但自己却没有什么修养，更没有任何能力，就凭着父母的给予到处为非作歹，最终必然遭到人们的痛骂。

年轻的你，我特意悄悄地告诉你一个秘密：你被别人欣赏，一定是你身上具备了某种独特的能力，是人们对你能力的认同。就像你发自内心去欣赏一个人，一定会是觉得他身上有某种能力被你强烈认同一样。不管这种能力是高超的手艺，还是超强的演说能力，或者是别的什么。所以，无论你现在是贫穷还是富有，无论你现在能力大小，你都要重视培养自身的能力，努力去做一个真正让大家欣赏的人，一个让大家称赞的人。唯有他人这种出自内心的真正认同，才能体现出你独特价值所在。

没有任何一夜成名是奇迹，都是努力得来的

我们的生命很短暂，每个人都渴望在有限的生命中活出足够精彩的自己。张爱玲曾经说过，出名，要趁早。但是，实际上少年出名的事例并不常见，更多的人是在经过很长一段人生的历练之后，逐步到达了成功的终点。

干得少，拿得多，是很多人内心所渴望的。一招鲜，吃遍天，这种现象也确实存在过。于是，很多人便强烈渴望能一夜成名，做名人去过风风光光的日子。

事实上，在我们现在这样的社会里，一夜成名好像并不是什么稀奇古怪的事情。有些人平时不为人所知，大家甚至都完全没有听说过他的名字，但是仿佛就在一夜之间，他的名字变得家喻户晓。这个时代因为科技的原因，信息的传递变得非常快速，前一秒在遥远国外发生的事情，下一刻全世界的人们都可以知道。

不可否认的是，一夜成名有许多不确定的偶然因素。有

时，你想出名却出不了名；有时，你没想到出名却不经意间出名了。例如，你正在做一件另类的事情，而那个时候正好被别人拍到并上传到了网上，又被人疯狂地转发，人们就都知道了你。但是，这种"名"不一定是"好名"，并不代表着大家就欣赏你，也不代表你有多大能力，仅仅代表大家通过这件事认识了你！

此时，如果你有真正的实力，你的出名将会被持续下去，将会从"大家认识你"向大家认同你、欣赏你、最后变成崇拜你。这种人有，但比较少，更多的是因为出名来得太突然，没有真正实力来支撑，红一时就迅速消失在大众视野里了。这就是人生机遇的浪费。

还有另外一类一夜成名，就是一种虚张声势，是一种故弄玄虚，自我炒作，最终会被别人揭穿的。这种成名充其量是对个人前途的一种恶搞。

我要跟你谈的一夜成名，成就的是真正的名声，是被别人夸赞和津津乐道的，是被别人喜欢甚至敬仰的，是有无穷的内涵和丰富的成就的，是值得人们反复推敲的，是经得起时间的验证的。这种一夜成名在很多人眼中看来也许是个奇迹。但是，这只是表象。因为人们看到的是外在的光鲜，背后的辛勤付出却并不为人所知的。

任何事情的变化都是由量变到质变的过程。只不过，人们对他人的成就和功绩，关注的仅仅是结果，而其努力过程常常被忽略。因此，一夜成名看似是一个瞬间完成的动作，但从实质上来看，这个瞬间成名的事实，确是他之前默默付出之后量变促成质变的一个结果。

我们通过报纸、电视、网络看到了这个事实，但我们并不清楚他们如何在背后辛勤地劳作，在背后如何刻苦地努力。没有人会去关心这些，更不会有人去深挖这些。但是，他们拼命奋斗但不为人知的过程才应是"一夜成名"的实质。换句话说，没有任何的一夜成名是个奇迹，任何人都是努力得来的，都是在背后付出了无数努力和艰辛才获得成就的。

电视剧《琅琊榜》好像是一夜之间火起来的，好像就在一夜之间街头巷尾的人们都在谈论它。这部剧深受大大小小老老少少观众的喜爱，在网络媒体上几乎是零负评，更是被很多人称为良心剧。

在这个时代，各种电视剧可谓琳琅满目，你打开电视随便收看不同的节目频道，你会发现各种各样的电视剧。但是，为什么就这部"一夜成名"呢？几乎没有人知道这部剧凝聚了多少人的心血。从最初写下的小说开始，到后面的编剧，再到后面整个剧组的实际运作，剧组中的人没有明确的分工，剧组很多人既要承担演员的重任，又要担当导演的角色。有些甚至还会放下架子亲自去干各种细碎的事情，这些工作非常辛苦，但没有人抱怨。任何人都希望可以通过足够用心，创造出一部经典之作。所以，最终呈现在我们眼前的，就是无论剧本、制作、创意、演技，都堪称一流。它的一夜成名确实是努力过后的水到渠成。

《中国好声音》这个节目已经做了四季了，但是还是长盛不衰，非常受大家的欢迎。说实话现在的综艺节目也是五花八门，但是《中国好声音》也好像是在那个夏天一夜之间就在人们中间火了起来。唱歌类的节目真的到处都有，为什么偏偏火的就是它呢？这当然不是奇迹，而是拿命干出来的。据说，整个团队为了把节目达到最好的效果，常常是 24 小时连轴工作不休息，有的人每天只能睡上两三个小时。正是因为背后的这种拼劲，才成就了《中国好声音》一夜成名的"奇迹"。

京东于 2014 年 5 月 22 日成功在纳斯达克上市，成为国内第三大互联网上市公司。那一刻，京东被全世界所知道，那一刻，所有京东人都充满荣耀。那一个敲钟上市的刹那，好像看起来是一夜成名。但是这个敲钟上市之前很多年的道路，刘强东和他的团队却走得并不轻松，在如此复杂的商业环境下，在瞬息万变的时代中，他们需要灵活创新，也需要脚踏实地，一步一步克服障碍，才能最终走到成功的彼岸。有谁敢否认，他们的一夜成名是靠拼搏精神干出来的？

我们的生命很短暂，每个人都渴望在有限的生命中活出足够精彩的自己。张爱玲曾经说过，出名，要趁早。但是，实际上少年出名的事例并不常见，更多的人是在经过很长一段人生的历练之后，逐步到达了成功的终点。

年轻的你，要学会走上社会去开创自己的事业，追寻自己的梦想。不要养成"只看结果，不看过程"的习惯，不要被那些令人羡慕的"一夜成名"所拜倒，不要去做"一夜成名"的美梦。因为没有任何的一夜成名是个奇迹，都是努力得来的，都是努力和坚持才获得的成果。如果你希望不付出任何努力，完全靠天上掉馅饼来"一夜成名"，那这个"一夜成名"永远只会是你的一个梦。

你是谁不重要，重要的是你能干什么

你是谁，对于这个社会来说并不重要。你不要把自己太当回事，太活在自己给自己设置的世界中，不要沾沾自喜，也不要独自忧愁。因为没有人会去真正关心你的这些东西。每个人都在忙着自己的事情，都在积极地努力着试图通过自己的方式，获取自己想要的生活，也给世界带去一点美好。

有很多人特别在乎自己的身份和头衔，认为身份高、头衔高就是成功，就是能力强，就能出人头地。这种看法有一定道理。但是，从实际经验出发，这种虚名没你想象的重要，你是谁不重要，重要的是你能干什么。

你要知道，你的名字来自于你的父母，这个名字中或许寄予了他们对你的美好希望和期待，这个名字或许很普通，也可能很特别。但是，在这个住着好几十亿人的地球上，如果你没有出彩的地方，那么你的名字，谁会关心，谁会记得呢？

也不要告诉我你来自哪里，你生长的那个地方足够美丽。

是的，你小时候生长的环境，给了你非常愉快的时光，你忍不住渴望分享你的美好给我们，当然也可能是另外一番情况，那就是你那个地方很贫穷，你的年少时光充满痛苦。但是，无论如何，那又怎么样呢？没有谁会真正关心与你有关的这些。

与人交往时，你与他人有血缘关系，对方关注你的是血缘的远近；你与他人没血缘关系时，对方关注你的是你们是否在同一个圈子或者是否有值得他交往的价值。而在现代社会，是否有值得他交往的价值是人际交往中影响最明显的一点。这个价值虽然不一定说得清道得明，但一定要让人觉得跟你交往是有价值的，不是在浪费时间和生命。

这并不是吓唬你。这个社会是现实的，也是残酷的。它并不像童话故事那么美好——在童话故事中，都有王子和公主的美好结局，但在你生活着的世界中并不是这样的，有些血淋淋的事实需要你去直面，有些残酷的真相需要你独自揭开。

你是谁，对于这个社会来说并不重要。你不要把自己太当回事，太活在自己给自己设置的世界中，不要沾沾自喜，也不要独自忧愁。因为没有人会去真正关心你的这些东西。每个人都在忙着自己的事情，都在积极地努力着试图通过自己的方式，获取自己想要的生活，也给世界带去一点美好。

你会问我，究竟什么才是真正重要的呢？我坦率地告诉你，对你而言，真正重要的是，你能干什么，即你有什么值得他人在意你或者乐意与你交往的价值。如果你有这方面的价值，不用你微笑着对人说"您好，我叫某某"，不用你拥有多少头衔和地位、人家需要你时，就会主动来找你，很客气礼貌地找到你。相反，如果你没有这方面的价值，你天天在大街上点头哈腰地说"您好，我叫某某"，你将名片上打印上"著名什么大师""杰出什么什么"的，人家也不一定会相信你，更不会从内心认为你有多强。

年轻的你，时刻要记住，你有什么本事，你通过自己思考，通过自己的劳动，可以给别人带去什么价值，可以为世界增添什么美好，世界就给你什么样的认同。你做不到这一点，在别人提及你时，即使对方面对微笑，也只会认为你是"某某的某某"，而不是你本身的价值。

不管你现在多大，也不管你现在在何处，更不管你现在是什么处境。都要明白，大家认可和欣赏你的归根结底是你能干什么，更直白一点，就是你的价值和能力是什么。你已经经历了人世间的很多事情，以后还要经历更多的事情，而且重要的是你积极向上，渴望拥有更加阳光而美好的人生。所以你是有很多很多事情能干的，是需要进一步提升自己办事能力的。

当然，那些事不一定就是"高大上"的事，也不一定要轰轰烈烈，但一定要认真去做。例如，你此刻就可以对生养你的父母更好一些，而且立即付出你的行动。你的父母含辛茹苦把你抚养长大，现在已经渐渐年迈，或许已经两鬓苍苍，或许已经腿脚不便，也或许一切都好，但是他们渴望可以看到你，渴望有你在他们的身边。那么你是否可以为他们干点什么？买点水果给父母带回去，回家去给父母做一顿可口的饭菜，或者帮父母按摩按摩腿脚等。这些事看似微不足道，但有值得你做的价值，也是你必须去做的。

男儿长大走四方，只为能衣锦还乡。不少有志青年，离开家乡，去追求梦想时，都会有类似的想法。于是，他们事业有成后，便风风光光回家见父母，而一旦事业受阻或者过得不尽如人意时，就选择对家人隐瞒自己的现状，不愿意回家去。

年轻的你，我不赞成你有这种想法，更不赞成你有这种举动。你千万不要想着自己现在还混得不好，想着等有朝一日自己成功之后，有钱有势有地位时，再去好好回报父母，再去孝敬父母。"树欲静而风不止，子欲养而亲不待。"爱家人，孝敬父母，都是你现在应该做的事，与你是否过得风光无关。或许等你觉得自己过得风光再去孝敬父母时，他们也许已经不在这个世界上。你的心中也将永远地留下遗憾和悔恨，这将成为你永远无法抹去的伤痛记忆，何必让自己这样呢？

我们要去干一些事情，让别人得到爱与满足。当然，我们首先得对自己身边的人敬爱，让身边的亲人、爱人、朋友和同学感受到来自于你的爱。你的心中充满爱，在具体行动中，为他们付出一点点，他们会因为你的付出而内心感到非常的满足和喜悦。这样，世界也会因为你而变得更美好一点点。

除了身边的人之外，你还要能对那些与你素昧平生的人干点什么。如果通过自己的付出，可以为别人做点什么，增加他人的快乐和满足，哪怕这个人是陌生人，甚至有可能是你所不知道的一个坏人。只要你是真心地付出，任何人都会觉得美好，因为你对世界做了一点什么。

例如，到了冬天，贫苦山区的孩子们没有过冬保暖的衣服穿，你可以联系社团寄两件自己穿过但尚好的棉服过去；如果遇见老人被车撞倒，躺在地上没有人去扶他，你应该没有任何犹豫迟疑地上前去帮助他。这些都是你干的小事，但因为你干的是好事，会被这个世界牢牢记住。

当然，你首先还得自己立足于这个社会，得让自己在这个世界上生存生活得更好。所以，你要在自己的岗位上付出自己应有的努力；不要老想着回报，要多想想自己到底有多少的能耐和本事，到底可以为这家企业创造出多少的利润和价值，并且采取实际行动去创造。相信，只要你干的事创造了真正的价值，属于你的回报一分一毫都不会少。

不要把重心放在"你是谁"上，多把焦点聚集到"你能干什么"上，并且真心实意地付出行动。去干你能干的事，去干为别人带来价值和美好的事。

你要想想，自己凭什么能过上想要的生活

别人的生活怎么样不重要，也不要随意地去模仿和追随，自己的生活才是最重要的，所以一定要想清楚自己究竟想要什么样的生活，只要你善于发现、明确目标、交对朋友、敢于尝试、积极主动，你想要的生活就在你眼前。

我不清楚你想要的生活是怎样的，但我知道每个人都希望过上自己想要的生活。你想要的生活也许是惬意和自如的，喝个下午茶，听听音乐，聊聊天，如此度日就好，但这样的生活并不是你所想就能做到的。有的人倒是希望自己的生活足够充实和忙碌，因为充实和忙碌才能让他感觉到每一刻的时光都没有浪费，但是并不一定有他喜欢的事情可以让他去做。

在如今这个信息化快速发展的时代，你会发现很多人都在抱怨自己的生活不尽如人意。确实，人生不如意之事十之八九，"万事如意"在很多时候也只能是一种美好的祝愿。过上你想要的生活，肯定需要付出你想要生活的代价。

那么，你怎样才能过上自己想要的生活呢？其实过想要的生活也并不是非常困难的事，有时只需要转换一下观念，有时只是需要多给自己一点微笑，有时只需要跳出自己的圈子去看看外面的世界——让我们改变对自己生活的看法，让每个人都能过上自己想要的幸福生活。

要过上你想要的生活，需要你发现生活中美的东西。其实，在我们身边，到处都存在美好的事物，只是我们缺少一双善于发现美的眼睛。当你用一双发现美的眼睛来看这个世界，你会发现这个世界是那么的美好。一个心中总是充满怨气的人，一个总是爱抱怨的人，是因为他总是看到丑陋的东西，是因为他把生活中丑陋的东西无限地放大了。你看的什么，感受到什么，正是印证了你怎样的内心。

要过上你想要的生活，还需要你有明确的目标。在这个社会，很多人都在做他们不喜欢的事情，因为他们对自己想要的没有明确的目标。在这个严酷而又充满挑战的世界里，你要认识到自己究竟想要的是什么是很难的。在生活中，可能有很多诱惑和路径供你尝试，但你应该听从内心，选择能助你梦想成真的生活方式。一切皆有可能，如果你有一个明确的目标，然后通过自己的努力在这方面做到最好，那你一定会成功，也就可以过上你想要的生活。但是，你一直做的事情是自己不喜欢的，又缺乏足够的目标，每一天都过得浑浑噩噩，那么又有什么快乐可言？

要过上你想要的生活，你还需要我们与对的人交朋友。一个人成功与否和他与怎样的人交朋友有很大的关系，如果你的周围常常会出现一些给你的生活带来负能量的人，他们会让你开始怀疑自己的能力和梦想。如果你和积极向上的人交朋友，你会发现做什么都会有一股劲。

所以，你积极去与那些充满正能量的人为伍吧，他们能够带给你正能量；远离那些负面情绪严重的人，他们会让你离你想要的生活更近。

要过上你想要的生活，还需要你敢于去尝试新的东西。在这个日新月异的年代，任何时候，你都不要害怕去尝试新的东西，即使你是成功的，你要在成就中找到新的积极瞬间和新的机遇。当生活中一切都开始变好时，你不要害怕翻开新的一页，因为这么做意味着对未来新的展望，意味着新的朋友，也意味着新的情感。你千万不要在年纪轻轻时就故步自封，就裹足不前，就怕这怕那，不敢尝试新鲜的事物，就意味着你真正老了——真正老了的人怎么还可能追求得到自己想要的生活呢？

要过上你想要的生活，你千万不要选择等待。很多人都喜欢等到情况往好的方面发展后，再选择去做这件事，成功永远不会属于等待的人，而是属于敢于尝试的人，任何时候都不要去等待。试着去做那个第一个吃螃蟹的人，积极主动地去追求属于你的机会，这样的话，即使失败，你也不会让自己有所遗憾。

　　别人的生活怎么样不重要，也不要随意地去模仿和追随，自己的生活才是最重要的，所以一定要想清楚自己究竟想要什么样的生活，只要你善于发现、明确目标、交对朋友、敢于尝试、积极主动，你想要的生活就在你眼前。

只要你足够努力，你也会创造奇迹

年轻的你，在追求梦想的道路上，你要明白，只要你足够努力，你也同样能创造奇迹。无论你在哪个领域，你都可以努力成为那个领域里最优秀的人。虽然最终取得的成就相对很多世界名人来说微乎其微，但相对你自己目前的情况来说，那就是十足的奇迹。

每个人都想自己过得风光，每个人都想自己出彩，每个人都想创造奇迹。但是，过得风光的毕竟是少数，活得出彩的更少，创造奇迹的更是凤毛麟角。但是，这并不意味着没有创造奇迹的机会。

海伦·凯勒的故事，想必你也熟悉。她好像注定要为人类创造奇迹——向常人昭示着残疾人的尊严和伟大。而她的一切事业和功绩，都是源于她的努力。

海伦·凯勒她一岁半时突患急性脑充血病，连日的高烧使她昏迷不醒。当她苏醒过来，眼睛烧瞎了，耳朵烧聋了，由于失去听觉，不能矫正发音的正误，她说话也含糊不清。从此，她坠入了一个黑暗而沉寂的世界，陷进了痛苦的深渊。

1887 年 3 月 3 日，家里为海伦请来了一位教师——安妮·莎莉文小姐。安妮教会她写字、手语。当波金斯盲人学校的亚纳格诺先生以惊讶的神情读到一封海伦完整地道的法文信后，这样写道："谁也难以想象我是多么惊奇和喜悦。对于她的能力我素来深信不疑，可也难以相信，她 3 个月的学习就取得这么好的成绩，在美国，别的人要达到这程度，就得花一年工夫。"这时，海伦·凯勒才 9 岁。

然而，一个人在无声、无光的世界里，要想与他人进行有声语言的交流几乎不可能，因为每一条出口都已向她紧紧关闭。但是，海伦是个奇迹。她竟然一步步从地狱走上天堂，不过，这段历程的艰难程度超出任何人的想象。她学发声，要用触觉来领会发音时喉咙的颤动和嘴的运动，而这往往是不准确的。为此，海伦不得不反复练习发音，有时为发一个音一练就是几个小时。失败和疲劳使她心力交瘁，一个坚强的人竟为此流下过绝望的泪水。可是她始终没有退缩，夜以继日地刻苦努力，终于可以流利地说出"爸爸""妈妈""妹妹"了，全家人惊喜地拥抱了她，连她喜爱的那只小狗也似乎听懂了她的呼唤，跑到跟前直舔她的手。

1894 年夏天，海伦出席了美国聋人语言教学促进会，并被安排到纽约赫马森聋人学校上学，学习数学、自然、法语、德语。没过几个月，她便可以自如地用德语交谈；不到一年，她便读完了德文作品《威廉·泰尔》。教法语的教师不懂手语字母，不得不进行口授；尽管这样，海伦还是很快掌握了法语，并把小说《被强迫的医生》读了两遍。在纽约期间，海伦结识了文学界的许多朋友。

受到文学界一些名家的鼓舞，海伦的心中一阵激动，人世间美好的思想情操，隽永深沉的爱心，以及踏踏实实的追求，都像春天的种子深深植入心田，从此更加努力奋斗。最终，她以优异的成绩考上了哈佛大学拉德克利夫女子学院。

毕业后，海伦出任美国马萨诸塞州盲人委员会主席，开始了为盲人服务的社会工作。后来，她又成立了美国盲人基金会民间组织，并一直为加强基金会的工作而努力。在繁忙的工作中，她始终没有放下手中的笔，先后完成了 14 部著作。其中，《假如给我三天光明》、《我的生活》、《石墙故事》、《冲出黑暗》等，都产生了世界范围的影响。

海伦幼时患病，两耳失聪，双目失明，却能取得如此辉煌的成就。以致著名作家马克·吐温说，19 世纪出现了两个了不起的人物，一个是拿破仑，一个就是海伦·凯勒。

除了海伦·凯勒外，还有很多人在他们的人生道路中创造出了奇迹：或者是在文学领域，或者是在思想界，他们的名字如雷贯耳。他们成功的原因不尽相同，但有一点可以肯定的是，他们无不是付出了常人无法付出的努力，通过强大的毅力和巨大的精力，才最终得到的结果。

年轻的你，在追求梦想的道路上，你要明白，只要你足够努力，你也同样能创造奇迹。无论你在哪个领域，你都可以努力成为那个领域里最优秀的人。虽然最终取得的成就相对很多世界名人来说微乎其微，但相对你自己目前的情况来说，那就是十足的奇迹。

当然，没有任何成就是踩着红地毯来的。你要想获得成就，不可避免地要遭遇一些困难和阻碍。外在环境的不如意绝对不是你放弃努力的原因，恰恰相反，外在条件的艰苦，更应该成为你发愤努力的动力。

贝多芬自小家境贫寒，不幸的是后来家庭经济的顶梁柱——父亲因爱喝酒而失业。弟弟妹妹都张嘴要吃饭，妈妈需要钱治病，年幼的贝多芬不得不承担起全家的经济重担。更不幸的是，他在 26 岁时，耳朵逐渐失聪了，但是他并没有被吓倒，直到他完全听不见了还在不停作曲。正因为他刻苦钻研的精神，使他在音乐方面取得了巨大的成就。

努力绝不是一时的热血沸腾，一时的激情。马云早就说过，一时的激情一点都不值钱，唯有长久的激情才值钱。长久的激情就是坚持的品质。你的努力需要你长久地坚持。努力一日，可得一夜安眠；努力一生，可得幸福长眠。持续地努力下去，你会看到奇迹，而这个奇迹是你自己亲自创造的。

你爱上了学习，你的将来就充满了希望

现在社会获取知识的途径和方法有很多，你可以利用碎片时间，可以通过工作实践，甚至还可以通过游戏方式来进行学习求知。方式方法并不是关键，重要的是要有学习的意识，要不停地用学习来武装自我。

如果把人的生命比作一条长长的河流，你得让这条河流奔腾起来，别人才能感受到你生命的鲜活气息。而如果这条生命之河停止不动了，那么结果也许会惊人地可怕。你的生命就可能会发出一种臭味。俗话说："流水不腐，户枢不蠹。"那么，如何能够让生命之河可以一直不停地流动起来，不至于停止呢？那就是需要不断往体内填补新鲜的东西，那样东西就是新鲜的知识，你唯独只能通过学习来真正获取。

学习并不是每个人都喜欢的事。有些人在很小时就拒绝了学习，认为自己不是学习的料，整天把心思都花在吃喝玩乐上；有些人在求学阶段是努力学习的，但是在参加工作之后，

就放弃学习了，那也就意味着停止了进步。这些人是注定了要吃人生的苦头的，也许不是现在，而是在将来。而另外有一些人则是活到老，学到老，他们不仅能通过学习改变命运，还能让自己的人生充实而幸福。

《站着上北大》这本书的作者是北大保安甘相伟——他利用业余时间努力学习，最终通过成人高考考入北大中文系，并当选为"中国教育2011年度十大影响人物"，出版了《站着上北大》等具有重要影响力的图书。

甘相伟出生于广水市余店镇芦河村，幼年丧父，家境贫寒，2007年专科毕业。"起点并不能决定终点。只要努力进取，梦想就一定能够实现！"无限向往去北大读书的甘相伟放弃了广州有着丰厚待遇的工作，"甘愿为心中的梦想站岗"，走进了日思夜想的北京大学当保安，并在工作之余，溜进课堂蹭课，听名师讲座，泡图书馆……北大丰富优质的教学资源，让他如鱼得水。在这座顶级学府"潜伏"一年后，他已不再满足于"偷师学艺"，决意要正大光明地求学。

一年后，他以高出分数线60分的成绩成为北大成教中文系的本科生。从此，甘相伟开始半工半读。站在岗亭里，他是北大保安；走进课堂，他是北大学生，一边上班一边上学，角色转换间他既忙碌又开心。

在北大学习、工作期间，无论是在燕园巡逻，还是在未名湖畔晨读，甘相伟总是随身带上纸笔，有了灵感就随手记录下来，然后整理成文。几年间，他先后写下了几百篇文章，并将这些文章结集成书。毕业后，他获得北京大学汉语言文学本科学历，并正式出版《站着上北大》被誉为"中国保安出书第一人"。

他这种努力学习精神轰动一时。时任北京大学校长的周其凤亲自为《站着上北大》作序。周其凤说，一个保安，在辛苦工作之余，能够充分利用北大良好的学习资源，努力进取，这样的精神令人钦佩。

不仅如此，在一次北京大学本科生毕业典礼上，校长周其凤在演讲中再次以甘相伟的经历鼓励毕业生，希望同学们到社会中"善于利用各种学习资源，不断学习思考，不断追求新知"。

而甘相伟在离职北大保安被北京一家知名中学聘用后，也曾经真诚地说过："不管考上名校还是普通大学甚至落榜，你都要找到自己的兴趣、爱好，选择自己喜欢的专业，发挥自己的特长、优势，坚持自己的人生梦想。一场考试不能决定一个人的命运，起点低不代表终点低，最终是你的梦想和长期不懈的努力决定了你在这个社会上的位置。"

不难看出，学习对人改变命运的作用是巨大的。无论你走上社会之前的学历或起点如何，只要你坚持学习，你就一定能取得长足进步，改变或者改善自己的命运，过上自己理想的生活。

年轻的你，走上社会去追求理想的生活，甘相伟这类勤于学习并通过学习改变命运过上理想生活的青年，正是你需要学习的对象。

现在社会获取知识的途径和方法有很多，你可以利用碎片时间，可以通过工作实践，甚至还可以通过游戏方式来进行学习求知。方式方法并不是关键，重要的是要有学习的意识，要不停地用学习来武装自我。

在不断学习过程中，你会发现，越是学得多，便越是觉得知识的海洋之广博，越是觉得自己所知甚少，越是需要发愤学习。这样，你就会更争分夺秒地利用时间去学习，去填补自己知识的空白，去获得更多学识和涵养，让这辈子的人生可以过得更加从容淡定，更加幸福。

你能干什么，决定你将成为什么样的人

"你能干什么"就是指你身上到底有些什么本事，哪些事情交给你来做会让人觉得稳妥和放心，甚至可能觉得你做的才是最好的。而"决定你将成为什么人"就是你能否实现你的人生目标和理想，变成你最初想成为的那个人。只有先让自己会干那件事，才能成为真正干那事的人。

有些人谈起梦想时豪气冲天，雄心壮志地想成为心中崇拜的那种人或者欣赏的那种职业。这没有什么不对。但是，在树立自己的梦想时，有没有想到自己具备什么样的才华或者正在培养哪方面的能力去支撑梦想呢？

这个问题或许问得有些刁钻，但却很现实，对其能否实现梦想有重要的影响作用。如果你具备那方面的才华或者正在培养那方面的能力，那么树立梦想后，你只管努力去，最终迟早能实现梦想。否则，你的梦想，无论你努力与否，最终只能是空想。

为什么呢？你能干什么，决定你将成为什么人。你的梦想虽然美好，但你不具备那方面的才华，也没有意识去培养自己在那方面的能力，梦想就会成为空想。正如我不会唱歌，也没有意识地去努力学习练习，成为歌唱家的梦想成为空想也就必然了。

任何梦想的实现，都是靠才华和能力来支撑的。你有什么才华，你能干什么，决定着你的梦想能否实现，决定着你将成为什么人。年轻的你，只要有梦想就有希望，只要你意识到"你能干什么决定你将成为什么人"并努力培养相关能力，你的梦想就一定能实现。

当然，才华和能力并不是走上社会才形成的，而是在学校就开始逐渐形成，这不是指你学习成就是否优秀，而是指你在有意无意中培养自己在哪方面的实际操作能力。

我有一个非常要好的朋友，在一所文学气氛一点都不浓厚的理工院校里，学着土木工程专业。按照正常的思路和发展轨迹，这位朋友毕业之后应该顺理成章去房地产公司画图纸。但是，我朋友却特别喜爱写作，他一直向往成为一名记者。

于是，他进大学时就进了学校记者团，从一名干事一直干到记者团团长。其间，他写过不少稿子，采访过当地知名企业老总，还有一些文章发表在某些行业杂志上。他在保证能拿到学位证书的基础上，用尽一些办法去接近自己的梦想。参加各种文学比赛，发表文章，在小报社实习跑新闻，他就是这样一路朝着自己想要的那个方向前行。最后在他快毕业时，他已经练就了一手好文笔，成为一个真正的"笔杆子"。

毕业之后，他如愿进入了南方一家知名报社。在中国无数新闻传媒类名牌大学生的竞争中，他能够成功，究竟是依靠什么？我有绝对的理由相信，他明确的目标和靠谱的行动是他成功的基础。他通过努力，让别人欣赏、称赞他的文笔，让别人觉得让他干记者的工作可以放一百个心，他也就非常自然地成为了一名记者。

如何来理解"你能干什么，决定你将成为什么人"呢？"你能干什么"就是指你身上到底有些什么本事，哪些事情交给你来做会让人觉得稳妥和放心，甚至可能觉得你做的才是最好的。而"决定你将成为什么人"就是你能否实现你的人生目标和理想，变成你最初想成为的那个人。只有先让自己会干那件事，才能成为真正干那件事的人。

太多的年轻人眼高手低了，眼睛盯着高管，盯着指挥千军万马的事情，但事实上却连最最底层员工的小事都做不了、做不成。太多的年轻人，在还没有做出成绩，甚至都还没有开始干事之前，就要求这、要求那，这实在是一种悲哀。应该在某方面积累了一定的能力，做出了一定的成绩，最终的位置和成就自然水到渠成。

比如你喜欢唱歌，也天生有一副好嗓子。在很小时就在爸妈的引导下，学习了各种乐器，也参加了各种各样的比赛，获得了不少的奖项，随着慢慢地长大，你从来不曾放弃在这方面的努力。一有机会，你总是想努力地去抓住它，什么小型的演唱会啊，什么各种电视节目的比赛啊，你都去参加，有时能拿个奖项，你会很开心，有时可能会一无所获，你也淡然面对。终于有一天，你出了第一张唱片，成为一名炙手可热的歌手。这个最终的结果其实一点儿也都不意外，那只是因为你通过那么长时间的努力，确实能够唱出让人感动与喜爱的歌声了。

　　也比如你从小的梦想是当一名律师，虽然你并不出生在一个律师家庭里，没有这样的血液和传统，父母也是老老实实不会讲话的人。但是你这个梦想一直很坚定，你在很小时，就开口练习讲话，开始与别人去辩论，你知道一个了不起的律师一定还是一个知识广博的人。所以你广泛涉猎方方面面的知识，高考结束之后，你自然填报了法律专业并如愿以偿，通过本科和硕士的苦心研读，你积累了更多的实力，最终你成为一名知名律师，为人们所喜爱。这个律师的结果是你想成为的人，你能成为这样的人一点也不奇怪，因为你用前半生的努力，努力去做到了一个律师应该能做到的事情。

　　再比如你从小就非常有头脑，做事干练果断，特别注重细节。有一次约见一个客户，天气很热，客户进来汗流浃背的样子。他看到秘书端进来的是刚泡的茶水，非常烫，就让秘书又端了一杯温度刚刚好的茶水，以便客户能马上喝到。每天的外套都笔挺笔挺，头发每天都洗，外表清爽干净。他说话前总是会思考一会儿。他在和别人谈话时总是条理清晰，措辞简洁，直截了当。他总能控制自己的脾气，遇事总能冷静处理，从不大声谩骂。这样的修炼，让他很快成为一家创始公司的董事长，开创了自己的美好事业。

你的内心深处也会有个声音一遍一遍地呼唤着你。你急切地想要成为心中想成为的那个人。你想成为什么样的人，才能有成为什么样的人的动力。你若想成功，你要真正能干出些什么，才可以成功地成为你想成为的人。

你的能力足够强时，机会才会垂青你

如果一个人只知道偷懒睡觉，做黄粱美梦，机会哪怕一千次地垂青于他，他都是视而不见、无动于衷的。只有时时刻刻都做好充分准备，练就一身本领之时，才可能把握住机会。在那个苹果意外地砸到牛顿头上之前，牛顿肯定储备了大量物理学的知识与理论，肯定无数次地做过各种科学测试，肯定已经有了各种各样的思考与猜想。而这个常人眼中所谓的机会，只不过是临门一脚，之前已经有了各种的努力。

现在，总是会有人在抱怨，这个时代给我们年轻人的机会太少太少了。不管哪个行业，能够真正胜出的强人能有多少？更多的人，也许一生只能在一个工作岗位上默默无闻度过一生。或许有些人有着一颗雄心，想要成就一番事业，但是到头来也许还是失败得更多，最终还是回归到平淡的生活。

我们谈论机会这个话题。什么是机会？机会就是机遇，就是好的境遇。有时机遇对每个人都是均等的，有时却不是。有时机会降临到头上，你却没有把握住。人生的机遇不会太多，而机遇是留给准备好的人。劳伦斯·彼得不是说过，不要有怀才不遇、生不逢时的想法。只要你是锥子，哪怕是放在口袋里，年长日久，也会冒出尖来。

所以，问题的关键就是机会降临到你头上时，你是否做好了充足的准备？你是否有足够的能力将它牢牢握住。机会是稍纵即逝的，机会并不会一直待在那里傻傻地等待着你。它需要你有足够的慧眼，将它一眼看穿；更需要你有足够的能力，通过你的大脑和双手将它化为现实，而这一切都需要你平时日积月累的储备。

牛顿因为发现了万有引力定律而被大家公认为是世界上杰出的科学家，而发现万有引力正是因为那个苹果砸到了牛顿的头上，引发了他的思考。而这个砸到牛顿头上的苹果就成了牛顿的机会。大家都会说，是机会偏爱牛顿，刚好砸到了他的头上，为什么不是别人的头上呢？

有一个故事，其实也可以看作一个笑话，说的是有一个人一生碌碌无为。他跑去找上帝抱怨说，上帝没有给他同样的机会，如果当年那个苹果砸到自己的头上，或许成为伟大科学家的人物就是自己。上帝想了想之后，答应了这个人的请求，让时光倒退到几十年前，上帝摇动果树，苹果猛地砸到这个人头上，搅乱了他的美梦。他抱怨了一声之后就继续在树下睡觉了。上帝想给他第二次机会，就又把苹果砸到他的头上。这回这个人发火了，他勃然大怒，将苹果扔得远远的。他再一次与机会擦肩而过。

从这个小故事可以看出，如果一个人只知道偷懒睡觉，做黄粱美梦，机会哪怕一千次地垂青于他，他都是视而不见、无动于衷的。只有时时刻刻做好充分准备，练就一身本领之时，才可能把握住机会。在那个苹果意外地砸到牛顿头上之前，牛顿肯定储备了大量物理学的知识与理论，肯定无数次地做过各种科学测试，肯定已经有了各种各样的思考与猜想。而这个常人眼中所谓的机会，只不过是临门一脚，之前已经有了各种的努力。

现在能够写文章的人不少，但是真正可以写出足够打动人心的文字，可以在文学上获取成功的人却是凤毛麟角。这究竟是为什么呢？是因为机会少吗？是因为机会不平等吗？现在这个信息如此发达的时代，这个自媒体时代，你的文章就可以轻易地在博客、微博、微信等各种平台上发表，照理说应该是比以前有了更多的机会。但是，有些人依然默默无闻，而有些人却可以耀眼闪亮，最主要的原因恐怕是练就的能力差别吧。

像韩寒从写出第一本《三重门》出道开始，一直在文学创作的道路上受到诸多的关注和喜爱，而且一直会出现各种各样深受读者喜欢的作品。在我们这个多元化的时代里，依然长久不息，就是因为他从很小时就立下了要靠写作吃饭的志向，从很早时就不断地在写各种各样的文字，他的成功并非一蹴而就的。他当然是遇到了好的机会，但是重要的是在机会与他相遇之时，他已经有了足够的能力来把控它。最近热播的电视剧《琅琊榜》很受大家的喜欢，这个《琅琊榜》小说幕后的主人（小说的创作者）海晏也受到了极大的关注，一下子成为网络上的知名人物。这不仅仅是因为机会，更重要的是拥有了足够的实力。

现代社会的各行各业都有着各种成功的人物，无论是在互联网行业，还是传统行业，无论是在教师岗位，还是医生岗位，都有着杰出的人物。他们冒了出来，成为这个社会金字塔塔尖上的人物。有句话叫作："站在风口，连猪都会飞起来。"说的是机会的重要，没错这些人物确实有了"风口"这个机会，但是他们绝对都不是"猪"，他们在利用每一分每一秒为自己储备力量。等到遇到机会时，正巧他们有了最强的能力。

人的一生都能遇上几次好的机会，但是不要对机会抱有侥幸心理。请一定相信：当你能力足够强大之时，机会一定会垂青于你。

你要想活得无可替代，先要拿点"绝活"出来

任何一种绝活必然是通过长期坚持地学习，刻苦努力地奋斗，才能够真正获得。有个著名的 10000 小时理论，说的是在某个领域要达到顶尖级的水平。需要花费 10000 小时的练习，可见需要极大的付出。但是，你也不要把绝活想象得太难获得，只要你足够用心，你就可以获得拥有你个人特色的"绝活"。

前几天，我与一位高中女教师交流过，有一点感悟，拿出来跟年轻的你分享一下。

这位女教师是一个众人眼中非常优秀的人。从小到大，她的学习成绩一直非常好，一路顺风顺水，考上名校，又顺利保送该校研究生。毕业后，她回到自己的家乡，如愿以偿当上了一名高中教师。

在别人眼中，她的人生已经足够精彩和优秀。但是，在与她交流过程中，我却深深地感受到她很自卑。她虽然一直很优

秀，可她自己却觉得自己一无是处，没有一点儿拿得出手的东西，随时都可以被别人替代掉。

这是那位女教师职场忧患意识的体现，在众多职场人内心也或多或少地存在过。年轻的你，对这种情况一定要给予重视。

在一个企业里，或者在任何一个集体中，你都需要发挥出你独特的价值和作用。如果你在其中根本发挥不了任何的价值，没有人会真正欢迎你或欣赏你，久而久之，你会逐渐被这个集体所淘汰。因为任何人都可以随时替代你。如果你感受到了这一点，我相信，你一定会为此而深深地不安和自卑，就像我上面所说的那位高中女教师一样。如果你感受不到，那么你的结局就是被糊里糊涂地淘汰。

谁都不想成为组织里可有可无的人，谁都想成为组织里无可替代的人。每个人在这个世界上存在都有他独特的价值。当然，每个人融入一个集体中，肯定可以发挥出他特别的贡献。换句话说，每个人都是别人无可替代的存在。但问题的关键是，你得有你的"绝活"，让与你相处的身边人离不开你，这样，你才会活得越来越充实，你的人生才会越来越有价值。

所谓"绝活"不可能一朝一夕就获得，或者旦夕之间就练得。否则，那还能叫作"绝活"吗？任何一种绝活必然是通过长期坚持地学习，刻苦努力地奋斗，才能够真正获得。有个著名的 10000 小时理论，说的是在某个领域要达到顶尖级的水平。需要花费 10000 小时的练习，可见需要极大的付出。但是，你也不要把绝活想象得太难获得，只要你足够用心，你就可以获得拥有你个人特色的"绝活"。

这门"绝活"可以是某一个方面的技能。比如，你是一名汽车修理工。这是一项非常重要的技能，不是所有人都有机会去获得的。你上了汽车技修学校，有了很强的理论知识，又经过实践学习，然后又通过实际工作，在实际工作中发现问题，改进问题，总结问题。然后，你的汽车修理技能就会变得越来越强，你将慢慢地成为这一领域的专家。此时，你的地位将无人撼动，你的人生无人可以替代。

换成另外的行业，另外的技能也是一样的道理。这种技能可以是做文案创意，可以是做设计，可以是教书育人，可以是治病救人。但是，无论是哪种技能，都需要你有足够的积累和付出，才可以练成"绝活"，才可以让你变得无可替代。

这门"绝活"还可以是一种管理的本领，或者是激励的能力。有的人一生非常成功，无人可以取代，但是仔细深究，你会发现，他好像并没有掌握什么高深莫测的技能，甚至在任何一个专业技能上连皮毛都不太知道，但是他却能够成为叱咤风云的人物。马云就是这样一位人物，他是创造了互联话神话，缔造了商业帝国的人。但是他自己也曾坦言，他自己根本不懂任何互联网的技术，但是他有一种强大的激励能力或者管理能力，让身边的人相信他的信念，让那些懂技术的人成为他的员工和坚定跟随者。这种本事又何尝不是一种"绝活"呢？只要你有这种让别人坚定跟随，无怨无悔相信你支持你的人，你当然是无可替代的。

这门"绝活"还可以是一种态度。有的人可能因为家境、因为生计、因为各种原因，从小没有好的学习机会，学历不高，也没有什么技术专长。但是他能够非常有耐心，对于身边每一件小事都是谨小慎微，尽心尽力，而且受得了委屈，并不会因为工资低而心浮气躁，随时想要换公司换岗位，而是踏踏实实地做好自己那一件简单的事情，一做就是五年，一待就是十年。老板喜欢你这样的忠诚的态度，与身边那些浮躁的整天朝三暮四的人对比，你自然更能受到别人的喜欢和爱戴，自然会更受到领导和老板的赏识，自然也会变得无可替代。

这门"绝活"当然还可以是一门艺术。艺术虽然并不是每个人人生的必要品，但在我们这个如此丰富多元的社会里，掌握一门艺术确实也可以为自己的人生增色不少。比如，你学习吉他，可能学习的过程是相当辛苦的，也是相当艰难的，你学习吉他，目的也并不是为了靠他挣钱。但是只要你学习到了一定的程度和境界，你偶尔的一次表现可能会让人大吃一惊刮目相看，可能会极大地提升你的生活品位和人生的精彩程度，你的世界如此精彩，自然无可替代。

　　当然，人的一生的"绝活"每个人的理解都各有不同，这世上还有着无穷无尽的"绝活"，值得你去学习、去积累、去领会、去习得。无论哪一种绝活，你得到它都是需要付出巨大的忍耐和辛酸，但是只要你有那么一些"绝活"，你的人生必然无可替代。

你要用一生的学习去成就自己

学习的形式并不重要，你可以静下来看书，你也可以在玩中学习。重要的是要有活到老学到老的学习之心，重要的是把学习的精神贯彻在自己的一生之中，这样我们会成就一个更加优秀的自己。

相对于地球的生命来说，人的生命实在短暂得如同白驹过隙。但是，从另一个角度讲，人的生命又可以说是漫长的。从娘胎里出生的那一刻起，一直到死亡将我们彻底带走，我们要经历坎坎坷坷的一生——我们会见识各种不同的人，经历各种不同的事，感受各种不同的心情。因此，当老时回忆一生，我们会感受到自己的一生发生过许多的事。

无论怎样，有一件事始终贯穿着我们整个一生。没错，这件事就是学习。从出生开始，我们就在进行着各种不同的学习：学习开口喊爸爸妈妈；学习说更多的话；学习自己独立地迈开第一步——可能会摔跤甚至会摔疼，但没关系，站起来继续往前走；学习汉字、拼音、英语、数学……从小学到初中到高中到大学，有的人可能还会读到硕士和博士。

可以说，我们的人生一开始就和学习相伴，甚至在婴幼儿期、青少年期，学习一度成为我们人生最重要的内容，青少年期是人生最宝贵的学习时期。这些，年轻的你都知道，但有一点，你未必知道，那就是学习不仅是与我们的青少年相伴，与我们终身都相伴，青少年时期学习对我们的人生影响重要，后面的人生中，学习对我们的影响同样重要。

或许你也看到了，很多人一旦毕业之后就觉得自己完成了学习过程，整个人就变得松懈下来，就变得不再爱学习了。他们会抱怨工作的辛苦，会抱怨事情的繁杂，会感叹人生的苦短。一旦有空余时间，他们就选择看看电视玩玩手机来放松自己，再让他们静下心来捧起一本书来阅读，简直就是比登天还难。

年轻的你，这种生活状态，一定要远离；因为一个人一旦忘掉了学习，哪怕再聪明的头脑都会生锈，哪怕当初再优秀的人也会沦为平庸之辈。在追求梦想的道路上，你没有重视终身学习的意义，你的梦想也最终会变成空想。

"活到老，学到老"，这是毛泽东常说的一句话，也是他一生读书领悟的真实写照。他常说："饭能够少吃，觉能够少睡，书不能够不读；读书治学，一是要珍惜时刻，二是要勤奋刻苦，除此以外，没有什么窍门和捷径。"

因此，无论是在戎马倥偬的战争年代，还是新中国成立后的革命和建设时期，为了求知，为了解决中国革命和建设的实际问题，毛泽东孜孜不倦地从超多的书籍中汲取营养。他总是挤时间读书，有时白天实在忙，就减少夜晚的睡眠时间来读书。据他身边的工作人员回忆，毛泽东一天的睡眠时间很少，有时读书就像工作一样，常常是通宵达旦。即使每次外出，毛泽东也总要带些书，或者向当地借些书来读。

正是因为这样一种强烈的求知欲望，正是因为这样一种热切的学习精神，成就了更加优秀的毛泽东，更成就了毛泽东辉煌灿烂的一生。作为平凡众生的我们，还有什么理由抱怨学习苦学习累，放弃学习呢？我们理应有学习一生的信念，并且在实际工作和生活中将这一信念转变为切实的行动。

伟人之所以成为伟人，有一个重要原因，就是他们充分利用了终身学习这点。我们平凡人要想活出精彩，也必须要终身学习。因为，除了求学时期，在学校里接受老师传授的知识技能之外，在社会上有更多我们需要学习的东西。在社会竞争中，别人比你知识丰富，就比你占有更多的成功机会。

将终身学习具体到自身日常工作中来，你要在自己的工作岗位上努力学习专业技能。无论你从事的是哪个行业，哪个岗位，学校里学习的理论知识跟现实肯定有着很大的差别。不能光停留在那个最初始的理论阶段，而是要在实际的工作中，更加加强学习，通过实际的工作学习，通过向领导请教学习，通过与同事探讨来学习，也可以通过公司内部各种培训会的形式来学习，还可以通过自己阅读书籍来学习……学习的形式多种多样，无论哪种形式，只要你用心了，都会通过学习反射到你的工作之上。让你的业务变得更加熟练，让你的能力得到更大的提升，让你的工作变得更加游刃有余。

而将终身学习具体到日常生活中，你要学习各种为人处世的道理。学校就像一座象牙塔一样，里面的世界单纯而美好。但是真实的社会是非常具有现实感的，也有一定的复杂性，怎么与身边的人更好相处，怎么可以把一件事做得更好。完全不会像书本上说的那样简单与轻松。也不是几句名言几句警句就可以解决得了。我们要有足够的用心，在日常生活的每一件小事中，去细心地观察和体会，你会发现自己有巨大的收获。当我们拥有了更多为人处世的本领，我们才能够更加和谐地与自己相处，与周边的人相处，与我们所生存的环境相处，才可以为我们带来愉快而充实的生活。

事实上，你这一生需要学习的东西还有很多很多。这个时代已经不是久远的那个时代了，科技发展迅速，知识更迭也非常快速。去年的知识，很可能今年已经完全不能适用了。夸张一点说，上个月还非常适用的某个方面的知识，这个月可能有一半已经完全被淘汰掉了。如果你没有一颗学习的心，没有一个学习的脑，很可能你也将和那些被淘汰的知识一样，接受被淘汰的命运。

学习的形式并不重要，你可以静下来看书，你也可以在玩中学习。重要的是要有活到老学到老的学习之心，重要的是把学习的精神贯彻在自己的一生之中，这样我们会成就一个更加优秀的自己。

第五章
过想要的生活，优秀的你必须将自己推销出去

优秀不是自封的。优秀是通过社会实践检验的。在现代社会，你无论多优秀，都离不开社会群体，都需要将自己成功推销出去。而在推销你自己时，你的人格是否独立，你的品格是否高尚，你的习惯是否优良，你的胸怀是否宽广，都将进一步验证你是否真正优秀，你是否能如愿过上想要的生活。

独立与人交往，你才能获得你所需要的

真正成熟的两个人之间交往，彼此之间会有许多心与心的交流。在朋友困难时，非常愿意伸出手来帮一把，但交往的两个人的心理和人格都是独立的。他们无论生活还是精神并不依附于彼此。当有一天因为什么原因将他们分开，他们依然可以完好地保存自己独立的品格。

你也知道，在人来人往、聚散分离的人生旅途中，与人交往是必不可少的。交往是搭建人与人之间沟通的一个桥梁。我们生活在社会这个大家庭中，最基本的是与人交往，不与他人交往的人是不存在的。人际交往是人健康成长的基本条件，不仅有利于智力的开发，而且有助于情感的陶冶、意志的磨炼和良好人格的塑造。

但是，交往是一门艺术，与人交往过程中也需要掌握一定的技巧。一个人是否成熟要看他能否适应独处。因为总有一天，你要独自去打拼世界，父母、朋友都不在身边。那个时

候，你才开始练习独立恐怕会更困难。因此，在日常生活中，你就要多增强自己的独立能力。当然，在与人交往过程中，你也需要保持自己的独立品德，这样的交往才会让彼此愉悦。

真正成熟的两个人之间交往，彼此之间会有许多心与心的交流。在朋友困难时，非常愿意伸出手来帮一把，但交往的两个人的心理和人格都是独立的。他们无论生活还是精神并不依附于彼此。当有一天因为什么原因将他们分开，他们依然可以完好地保存自己独立的品格。

在中国古代，就有很多这样独立与人交往的故事。

唐肃是北宋时期的一名官吏，曾任龙图阁待制一职，这是一个很普通的职位，所以，唐肃只是一个小官吏。他家的对门，住着时为晋国公的丁谓，因为是对门邻居，所以两人经常走动，经常在一起饮酒、聊天，相处十分融洽。但几年以后，丁谓受到了朝廷的重用，朝廷打算把他升为宰辅，事情传开后，很多人都到丁谓府第来祝贺，但出人意料的是，唐肃却在城北重新买了一处房产，把家搬到城北去了。这样一来，很多人就不理解了，因为丁谓即将升迁，即将成为一人之下、万人之上的宰相，和宰相住对门，常来常往，经常走动，正是许多人求之不得的事，唐肃在这个时候把家搬走，到底是哪条神经搭错了呢？于是，有人就问他为什么要这么做，唐肃回答说："丁谓将要到朝廷做大官了，我和他住对门，如果我经常与他往来，会让人觉得我是在攀附权贵；如果我十天半月不和他走动，人们从人情世故上必会猜疑我和他闹翻了。所以，我只有搬走另择住处，才能免掉这些猜疑啊!"听他这么一解释，人们都对他这种不攀附权贵的处世原则肃然起敬。

皇甫谧和梁柳都是晋朝人，两个人住在一个村子，是远亲，有时也会互相走动，皇甫谧家不富裕，所以每次梁柳来家里吃饭时，皇甫谧只能用最简单的青菜和米饭来招待他。几年以后，梁柳因文章写得好，被朝廷看中，任命他为城阳太守，将要离开家乡，到城阳去上任，这时，有人就劝皇甫谧，让他摆一桌丰盛的酒宴，为梁柳送行。可是，皇甫谧却说："梁柳当老百姓时到我家，我迎他来送他走，我连大门都不出，食物也不过是米饭和青菜，简单极了。现在，他当了城阳太守，我就用酒肉来招待他，这不是看重城阳太守的职务而看轻了梁柳本人吗？那样一来，人们一定会认为我是一个趋炎附势的小人，以后让我怎么做人?"所以，皇甫谧没有请梁柳吃饭，梁柳听了，不但没有怪罪，反而对皇甫谧的为人更加敬重。

在与人相处中，许多人都喜欢攀高枝，喜欢依傍别人，喜欢结交显贵，但唐肃和皇甫谧却为我们树立了一个榜样。他们非常自尊，非常爱惜自己的名声，对他人不依不傍，坚守着内心的独立，表现出了难得的自尊意识及独立精神，成为我们敬仰的对象。

所以，我们在与人交往之时，也要保持独立的人格，这样才不会丧失自己的尊严，这样你才会受到别人真正的尊重，也可能获得你所需要的一切。

信任别人是一种自信，收获信任是一种幸福

真正相信别人的人，是极其自信的人。因为信任别人说到底是相信自己的管理能力，相信的是自己的思想品质，相信的是自己的人格魅力，相信的还是他自己。

自信是一种特别重要的品质，也是一种特别重要的能力。一个人生活在社会上，不要过于自卑，觉得自己什么地方都不如别人，活得郁郁寡欢，仿佛世界把自己抛弃掉了一样。因为，自卑的人得不到别人的认可，自己也不会快乐。

一个人当然也不能过于自大，觉得自己什么地方都特别强，什么事情都在自己掌握之中，完全不把别人放在眼中，这样的人结局也必然是非常可怕的。

什么样才算得上是真正的自信呢？那就是通过踏实努力，对于某一领域的专长有着别人不能企及的能力；对于与人打交道有着游刃有余的本事和魅力；通过长时间的沉淀之后，对于自我有着清晰的定位与认知，知道自己对于这个世界有着独特

的价值和贡献，所谓不卑不亢，永远面向太阳。

自信当然是指相信自己，但我这里要说的自信还有另外一个非常重要的方面，那就是信任别人。听起来似乎有些矛盾，但其实两者是完美统一的。一个自信的人，当然首先应该无条件地信任自己，相信自己有能力解决难题。但一个再自信的人也不是万能的，一个再厉害的人，也不可能什么事情都能靠他一个人来解决，也需要借助他人的实力来成就自己。

事实上，更加自信、更加有能力的人，所从事的工作也就更加复杂。许多事往往需要一个团队或很多人来共同完成，而这个人恰好是这个团队顶端的人物。他要实现目标或者完成任务，必须依靠整个团队的力量，必须去信任别人，充分相信别人有能力可以把事情做好。相信别人的同时，其实也就是相信自己。如果你总是对别人心存疑虑，总是对别人不够放心，总是对别人指手画脚，那么很明显，其实也是你不够自信的表现。

刘强东创立的京东公司是中国最大的互联网公司之一，旗下有员工好几万人。刘强东就算再怎么自信，就算是全世界最自信的人，他也没法创造出价值如此之大的一家公司，没法把公司运营得如此成功。那究竟该怎么办呢？他必然得充分信任公司里其他的员工，首先他将信任公司的高管层们，相信招聘来的高管们必然都是有能力的强人，也是有梦想和使命感的人。他只有充分信任他们，那些人才能放开手脚去做事情，去为公司创造和贡献更多的价值。当然他还要充分信任最基层的员工，相信他们会认真工作，坚守好每一个工作岗位。他必然是发自内心地相信每一个人，才有可能全公司上下凝聚成一股重要的团结的力量，将公司不断地向前推进。

一个强大的人物，必然是一个足够自信的人，也必然有一颗强大的内心。信任别人，看似把自己丢开了，好像所有事情都交给了别人，与自己不再相干了。其实并非如此，真正相信别人的人，是极其自信的人。因为信任别人说到底，是相信自己的管理能力，相信的是自己的思想品质，相信的是自己的人格魅力，相信的还是他自己。

其实在任何事情任何领域任何行业，情况都是一样的。在战争年代，要打胜仗肯定要靠整个军队，作为最高指挥官就要充分信任底下的每一位士兵。相信他们会全力配合奋勇杀敌，作为一个士兵就要充分信任他的战友，这样才可能形成最最默契的配合，去迎接战争的胜利。如果是一支足球队，要赢得比赛的胜利，一个足够自信的球队教练，他肯定是会充分地去信任他的每一位球员。相信他们的能力，相信他们会全力拼搏，为荣誉而奋战。如果说教练心中总是会对球员的某些方面存有质疑，那么实际上也就是这个教练他不相信自己的能力，不相信自己的球队可以获得胜利。

反过来说，一个人获得别人的信任，也是一种巨大的幸福。一个人活在这个世界上最大的成功是什么，有人就曾经说过，获取别人的信任就是最大的成功。试想，一个人要获得别人的充分肯定与信任，是一桩多么难的事情啊。首先这必须得是经过时间的洗礼，经过岁月的沉淀，必须得有一定的情感基础和认识基础。你得在某些事情上做出一些让人信服的事情，或者体现出让人尊敬的品质，唯有你的品德和你的能力都有了足够的展示，让别人都能够光明正大地看见，或者在某个人遇到困难之时，你发自内心地雪中送炭了一把，让别人牢记在心了，这样才有可能收获到别人的信任。

　　收获信任意味着什么？意味着你在这个世界上存在的价值有了某个方面或者某种程度的体现，意味着你除了自己之外又多了一个可以跟你分享快乐和悲伤的人，意味着你的世界从此变得更加阳光明媚、灿烂无比，你会拥有一颗更加喜悦的心。

　　信任别人是一种自信，收获信任是一种幸福。

与人为善是播种友好的好习惯

与人为善，你的生活将充满阳光，在给别人温暖的同时，自己也倍感幸福。虽然，有时会暂时受一点儿委屈，但却能常常收获喜悦与感动。这对其人生幸福是有极大促成力量的。

《孟子·公孙丑上》有云："取诸人以为善，是与人为善者也。故君子莫大乎与人为善。"这句名言有这样一个典故：战国时期，孟子给学生上课经常拿子路的例子来教育他们："子路十分虚心听取别人指出他的毛病与不足，然后加以改正。从历史上看，凡是君子都是汲取别人的优点、长处，自己来实行善事。如舜、禹等都是如此。君子的最高德行就是与人为善。"

没错，君子的最高德行就是与人为善。当你看到陌生人总是报以微笑，当你看见别人有困难时，总是会伸出你的援助之手，那么你就在不断地播种下友好的种子。而这种种子不断成长之后，会帮助你获得更加丰富的人生。如果不与人为善，只想着自己的利益，完全不考虑别人，最终也是会让自己受害的。

有一则寓言故事，值得你去思考。

有一个村庄坐落在沙漠地带，村人赶集必须穿过那片气候无常的大沙漠。沙漠中行路很难，即便是本村人，也常常会迷路。因此，就有人想到了在沙漠中插树枝的主意。绿色的树枝在荒芜的沙漠中很打眼，就像一些航标一样标示着方向。然而，每个村里的人在去集镇的路上，必须将那些树枝稍稍上拔一些，这样，风沙就不至于遮住了树枝，返回的路上也就不会再迷失方向。这已经成为村里人约定俗成的做法了。

一天，有一个商人经过这个地方。当他行走在树枝指引的路途中时，他没有听信村里人的忠告，去把那些树枝拔上来一些。他想自己只是前去，不需要再回头。自然，也就懒得去理会那些树枝了。

然而，当商人行走到一半路程时，迎面的飓风突然扬起漫天的黄沙，他已无法前行。此刻，天色将晚，他只有再回到村子里去，不然，后果将不堪设想。可是，商人回头去看来路，那些沿途指点方向的树枝此刻已被风沙给淹没了。眼望着天色已经暗下来，他无法找到出路，悔恨已迟。商人饥寒交迫，最终死在了沙漠里……

倘若一个人的心里容不下一条留给别人的路，那他注定也就断了自己的后路。

现实生活中亦是如此。你能与人为善，遇事给人留一条出路，就能温暖你周边的人，给你生活带来十足的幸福感。

下面有这样一个故事：

有一位单身女子刚搬了家。她发现隔壁住了一个寡妇与两个小孩子。

有天晚上，单身女子住的那一带忽然停电，那位女子不得已，只好自己点起了蜡烛。没一会儿，她忽然听到有人敲门。原来，敲门的是隔壁邻居的小孩。小孩紧张地问："阿姨，请问你家有蜡烛吗？"单身女子心想："他们家竟穷到连蜡烛都没有吗？千万别借给他们，免得被他们依赖了！"于是，她对孩子吼了一声，说："没有！"正当她准备关门时，那小孩展开关爱的笑容，说："我就知道你家一定没有！"说完，她竟从怀里拿出两根蜡烛，说："妈妈和我怕你一个人住又没有蜡烛，就让我带两根来送你！"

此刻，单身女子自责、感动得热泪盈眶，将那小孩紧紧地抱在怀里。她悔恨刚刚自己心中的那份恶念，差点伤害了一个善良小孩子的心，也差点与美好擦肩而过。

在这件事情之后，她就像变了一个人似的，总是心怀美好面对这个世界，总是学着与人为善，也因此拥有了更加快乐的生活。

与人为善，你的生活将充满阳光，在给别人温暖的同时，自己也倍感幸福。虽然，有时会暂时受一点儿委屈，但却能常常收获喜悦与感动。这对其人生幸福是有极大促成力量的。

多年前，在一次坐火车外出过程中，我见到了温暖的一幕，至今想起还被感动。

那时，火车票还没实现网络购票。春运时，我排队几个小时，好不容易抢到手一张硬座票。因为怕挤，我很早就去候车室排队，就先于其他人上车坐了上去。大约一分钟后，一个女人在我身边坐了下来。

过了大约十分钟，在车厢里的乘客差不多都快坐满时，有一对夫妻朝着我这边走过来了。对了对车票和车窗上的号码，妻子在另一个空位坐下来了。等她朝着丈夫看了看，要说什么时，男人示意他妻子坐在那个女人旁边的空位，却没有请那个女人让位。妻子一愣，朝着那女人仔细一看，发现她右脚有一点不方便，才了解丈夫为何不请她让出位子。

此刻，我才发觉坐在我身边的那个女人原来是站票，原来是脚不方便才临时坐在我身边空位上的。那对夫妇及时发现了那个女人脚不方便，然后隐藏了那个位置属于他的真相。

那个脚不方便的女人坐了两站就下去了。在此期间，丈夫一直站着，从头到尾都没向这个人表示这个位子是他的。妻子迅速将他那个位置占住，心疼地埋怨说："让位是善行，但从起点到终点这么久，大可中途请她把位子还给你，换你坐一下。”

丈夫却说：“人家不方便一辈子，我们就不方便这几小时而已。”

听完之后，女人相当感动，感动于有这么一位善良又为善不欲人知的好老公，觉得世界都变得温柔许多，情不自禁地靠在她丈夫肩膀上。坐在窗户边的我，看到这一幕，心里居然莫名感动了。

那一瞬间，我对那对夫妇蓦然有了崇敬之意。

这件事令我至今难忘。年轻的你，走上社会时，一定要养成与人为善的习惯。因为，当你在得到别人给予的帮助时，你要学会感恩并且回报他人。一个自私自利的人终将逝去很多，而一个能够处处为他人考虑，时时可以与人为善的人，则最终会因为种下一颗种子，收获整片森林。

积极参加团队活动可以引导你走向成功

在这个属于集体的时代里，完全依靠个人是行不通的。找到适合你的团队，积极地参加团队活动，它会使你走向成功的步伐更加轻松，你也会离成功越来越近。因为，积极参加团队活动可以引导你走向成功。

在这样一个社会背景下，你走出去外面看看，人们的脚步匆忙，呼吸急促，都在拼命趁有限的年华，完成今生的目标和梦想。如果你是一个稍有志气的青年，你应该也如同大部门青年一样，怀揣梦想，渴望成功。然而，你会发现自己一时半会儿找不到成功的门道。

这是非常正常的事，你无须焦虑。因为成功并不是一件触手可及的事情，不是你随便心中幻想一下，然后成功就自然而然飞到你面前来。成功是需要你在正确的道路上按照正确的方式付出的。但是，什么是在正确的道路上按照正确的方式付出？该付出多久呢？

其实，这些问题是因人而异的，每个人的情况不同，具体的付出方式和付出时间也是不同的。但是，要成功特别忌讳的一件事是：闭门造车。有的人以为自己有了某个想法和创意，就特别了不起，舍不得告诉别人，生怕别人知道了之后就拿去用了，于是躲在屋里一个人研究。有的人不太喜欢配合别人，总觉得每个人的性格特点都不同，跟别人合作是一件特别麻烦和费劲的事情，于是让自己变得越来越孤独，也越来越冷漠。

　　其实，有一道成功之门闪着明亮的亮光。这道门就是积极地参加有益于你成长或者发展的团队活动。这种社团对你的影响是毫无质疑的。因为，当你融入一个团队中去时，你不再是一个孤单的人，你的想法和别人的想法交流碰撞之后，很有可能就有了更加丰富和创新的想法，而这个融合之后的想法，就会帮助你真正地达成你的目标。

　　在现代社会中，每一个人都已经无法脱离集体。如果你是学校里的一名学生，那么学校的班集体就是你的团队；如果你是一名参加工作的人，那么你所在的企业或者单位就是你的团队；如果你住在家里，那么你和社区里其他的人员就共同构成了一个集体。一个集体，为了使这个集体更加具有凝聚力，肯定会有不少的团队活动。这时，就自然需要你的参加。

　　但是，你可能会觉得没有意思，觉得是浪费时间，觉得还不如舒舒服服地躺在家里看电视来得高兴，所以你拒绝参加团队活动，这种想法是不对的。不参加无关紧要的团队活动倒也罢了，但如果不参加有利于拓展人脉或者开阔视野，或者启迪思想的团队活动，那实质就是错失了一次成长的机会。

这个活动也许是一次集体外出的旅行或者聚餐。那么在这样欢快放松的气氛下，你不仅可以放松你的心情，而且还可以在玩中结识有意思的人或者对你思维方式有启迪作用的人。或许可以与他们成为真正的知己，以后在工作和生活中可以相互帮助。

这个活动也许是一次业务培训会议。那么你可以通过这样的团队活动，进一步地掌握自己工作所需要的知识，提升自己的工作业务水平。而且在与同事的接触交流讨论中，也会酝酿出新思想和新创意。

这个活动也许是一次义务劳动。你在与那么多同人共同助力别人时，能够感受到满满的幸福和喜悦。

总而言之，安排一次团队活动，必然有这种团队活动的意义所在。所谓团队，就是要一群人共同来完成，单靠一个人是无法开展的。需要整个团队共同的力量；所谓活动，就是要走出去，开阔视野，挖掘能力，增长知识，促进友谊。如此好的团队活动，你为何要与之擦肩而过，为何要把自己独自锁在屋里，不去看看外面的世界呢？你不去参与，你怎么去寻找提升自己的机会呢？每个人能力的提升，除了工作内容之外，还需要其他方面的提升来配合啊！

有些团队活动是你所在的集体内组织安排的，你只需要根据安排参加就可以了。但是，另外一些人，他们专门去创建或者寻找这样的团队，主动地加入到这样的团队中去，参加这个团队所开展的各种各样的活动。

说到底，一个人的知识、思想和视野毕竟都是非常有限的。所以，要渴望成长，要走向成功，就不得不开拓自己的圈子，去融入跟你生命气质相吻合的团队中，与团队中可爱的小伙伴一起走向成功。

有的人热爱旅行，旅行当然可以是一个人独自的事情，你可以不告诉任何人，背上包自己悄悄上路。但是，我们需要更多的信息，需要更多的分享。如果有一个集体，里面每一个人都是旅行的爱好者，他们把自己去过的城市的费用、路线、景致、感受都通过文字和图片一一分享出来。那么如果你去往一座陌生城市之前，这些分享可以让你做好更多的准备和功课；而如果你完成旅行后，把旅行过程通过你的文笔和相机记录下来，分享给别的小伙伴，那么也可以给别人带去方便和能量。还可以组织一群人一起去某个城市或某个景点旅行。这样的团队活动会给大家带去更多的灵感和喜悦。

一些创业爱好者也一样。创业是一件极其孤独及辛劳的事情。一个人经常会有坚持不住想要放弃的想法，而如果一个创业者加入一个创业者的团队，积极参加这个团队里的活动。那么通过相互分享经验，倾诉创业中的经历，传递信息与思想，那么每个人都能从中获益，而你也可以更加快速地迈向你所向往的成功。

年轻的你，请一定不要独自彷徨，也请拒绝闭门造车。在这个属于集体的时代里，完全依靠个人是行不通的。找到适合你的团队，积极地参加团队活动，它会使你走向成功的步伐更加轻松，你也会离成功越来越近。因为，积极参加团队活动可以引导你走向成功。

帮助别人就是采取另一种方式帮助自己

你把最好的给予别人，也同样会从别人那里获得最好的，很多时候帮助他人就是帮助自己。你帮助的人越多，你得到的也越多。你越吝啬，反百会一无所有。现实就是这样，只有那些乐于帮助他人的人才会获得别人的尊重，只有那些乐于帮助他人的人才容易意外获得他人的帮助。

有这样一则寓言故事：

有一天，天气异常干燥，一只蚂蚁口渴了，它好久都没有喝水了，到处找水喝，可就是找不着。突然，就在蚂蚁要渴死时，一大滴水落了下来。蚂蚁喝了水，得救了。这滴水实际上是一个正在哭泣的年轻姑娘的泪水。蚂蚁抬起头，看见一个年轻姑娘坐在一大堆种子前。

"你为什么这么伤心啊?"蚂蚁问道。

"我是一个巨人的囚犯,"姑娘告诉蚂蚁,"这一大堆种子里夹杂有谷子、大麦和黑麦的种子，我必须把它们分开，捡成三堆，他才肯放我走。"

"这需要你一个月的时间呢。"蚂蚁看了看这堆高得像山一样的种子说道。

"我知道，"姑娘哭着说，"如果我明天还干不完，巨人就会把我当他的晚餐吃掉。"

"不要哭，"蚂蚁说，"我和我的朋友会帮助你的。"

很快成千上万只蚂蚁过来帮忙，将这些种子按类分成三堆。第二天早晨，巨人看到分派给姑娘的活儿已经干完，就把她给放了。

就这样，那个姑娘的一滴泪不但救了蚂蚁的命，也救了她自己的性命。从此，他们成为了好朋友。

这个简短的寓言故事告诉我们：在帮助完别人之后，我们总是会在意想不到时得到回报。我们都应该尽量地用自己的努力为别人提供方便，因为帮助别人其实是在采取另外一种方式帮助自己。

你把最好的给予别人，也同样会从别人那里获得最好的，很多时候帮助他人就是帮助自己。你帮助的人越多，你得到的也越多。你越吝啬，反而一无所有。现实就是这样，只有那些乐于帮助他人的人才会获得别人的尊重，只有那些乐于帮助他人的人才容易意外获得他人的帮助。

相信你也许听过一个关于小男孩的故事。

一个小男孩出于一时的气愤，对母亲喊他很憎恨她。然后，也许是害怕惩罚，他跑出家里，对着山谷喊道："我恨你！我恨你！"接着，山谷传来回音："我恨你！我恨你！"小男孩很害怕，跑回家里对母亲说，山谷里有个卑鄙的小孩说他恨我。

　　母亲把他带回山边，并要他喊："我爱你，我爱你。"小男孩照母亲说的做了，而这次他却发现，有一个很好的小孩在山谷里说："我爱你，我爱你。"

　　生命就像是一种回声，你送出什么它就送回什么，你播种什么就收获什么，你给予什么就得到什么。只要你付出了，就会有收获。同样的道理，当我们帮助他人时，我们付出的是自己对别人的爱，就仿佛给别人的生命之树捧一掬清泉。爱的感情是不竭的源泉，我们付出得越多，内心就越充盈，幸福感就越强。所以，助人不仅是付出，也是收获。为别人着想的人，最终会得到别人意想不到的帮助。

　　帮助他人是中华民族悠久的崇高美德，因此也呈现过不少令人敬佩的榜样：雷锋、丛飞，还有普普通通的工人，勤劳的农民，等等。他们都在用自己的行动、自己的力量去帮助有需要的人，去温暖这些人的心灵。社会的繁荣兴旺，更少不了人们之间的互相帮助。当我们帮助了别人，就会油然而生一种无比的喜悦，极度的愉快。助人是快乐的。别人得到了温暖，自己也会感到快乐。这不就是"帮助他人就是帮助自己"吗？铭记：给予就是获得。

将赞美当作一种习惯，你能获得更多认同

　　每个人在这个世界上都是渴望自己能够活得有意义，都是希望自己的人生价值能够得到别人的肯定。其实每个人身上都是有很多很多个优点的，但是因为你对别人不够关注，也不够细心，所以你不一定发现得了。所以，认真细心地去发现它们，真诚微笑着地去赞美他们，别人会由衷地感受到一种被认可、被欣赏。

　　人与人之间的气场，无法看见，也无法触摸，但却能真实地感受得到。有的年轻人走入职场，似乎感觉到那些有资历、有经验的老人总是对其所做的事情不满意，总是爱指手画脚，爱批评指责。总而言之，那些资深人士好像对他们有特别的成见一般。

　　事实上，人家并不是有成见。你无法获得来自他的欣赏或者赞扬，原因就在于你的意识或者潜意识中，你对他也怀有一种敌意。

也许你不会承认，你觉得自己怎么会那样呢？虽然并不喜欢那个人，觉得他就是因为自己的经验比自己丰富，年岁比自己略大，就老是对自己颐指气使。你并没有对他说过什么坏话，你其实觉得他的能力确实比自己强。但是，别忘了，你的情绪都写在你的脸上，面对他时，你是发自真心地微笑，还是板着一张"苦瓜"脸呢！

对于年轻人来说，出现这种情况对其事业发展非常不利，需要及时调整心态去改善。而事实上，你只要及时调整了心态，你的境遇也随之改善了。

我有一个好朋友是名校的硕士研究生毕业。他学习成绩一直都特别优秀，毕业后去了一所高中当图书管理员。原先那个图书管理员年岁有些大，估计再用不了两三年就要退休了，所以几乎把所有脏活累活都丢给他一个人去做，而自己一个人坐在电脑前玩着手机听着音乐什么事情也不干。我朋友很生气，觉得心里不爽：凭什么就让我一个人来做这一摊子事情，而他却什么也不用做。

我朋友跑来找我诉苦后，我给他支了个招儿，说起来也很简单，就是两个字：赞美。我让朋友每天认真地去观察发现他同事身上有什么优点，然后发自真心地去赞美他。我朋友按照我说的去做了。第二天，他见到同事穿了一件颜色鲜艳的衣服来上班，就过去笑着说，这件衣服特别适合你，显得你特别年轻。

在工作中，我朋友发现他同事对图书的编排特别认真细致，就寻机好好地夸赞一番。瞬间，他同事就乐开花了，藏在心中的话就像喷涌的泉水一样，一股脑儿全倒了出来，愿意把自己的所有经验都教给他。

慢慢地在以后工作中，两人总是有说有笑的。我朋友再也不会有什么烦恼。

你也许不敢相信，但是这事千真万确，赞美就有这么一种神奇的力量。每个人在这个世界上都是渴望自己能够活得有意义，都是希望自己的人生价值能够得到别人的肯定。其实每个人身上都是有很多很多个优点的，但是因为你对别人不够关注，也不够细心，所以你不一定发现得了。所以，认真细心地去发现它们，真诚微笑着地去赞美他们，别人会由衷地感受到一种被认可、被欣赏。

但是，赞美也不是随随便便的事。赞美来不得虚情假意。例如，有的人明显长得不好看，你非得夸他长得漂亮；有些人穿衣服特别土气，你硬要歪曲事实说他穿衣有品位；有些人把一件事情干砸了，你非得故意说人家事情办得好。这样的赞美，并不是真正的赞美，听的人也不是傻子，他们心中对自我也有一定的认知。因此，你不符合事实的赞美，最终一定会弄巧成拙，让双方的关系变得更僵化。

赞美也不能太充满功利目的性。这样的话，赞美就变成趋炎附势，变成溜须拍马。例如，有的人为了能够得到升职，极尽能事说领导什么好，哪怕领导放一个屁，那都是比所有人都香的；有的人为了从客户那边得到签单，也是极尽能事，把所有好的事情所有优点都不明事实地往对方身上套。这样的赞美并不是真正美好真诚的赞美，并不会得到别人的接受，相反，弄不好还会招来对方强烈的反感。

我特别喜欢阅读卡耐基写下的文字。《人性的弱点》这本书一度成为我很长时间的枕边书。我靠着它获得了很多为人处世的道理和人生的能量。其中，讲到重要的一点，就是人的弱点之一就是喜欢听赞美的话。所以，你发自内心的赞美，能够为自己赢得朋友，也可以帮助自己更好地安身立命，获得社会的认同。

人与人相处，就像一面镜子。你对别人是怎样的态度，别人也会回报你怎样的态度。如果你的内心对别人是怀有敌意或者仇恨的话，你一定不可能从别人那里获得欣赏与欢喜；而如果你对别人抱以真诚的善意与赞美，别人也是不可能会对你一直怨声载道的。

所以，请你相信这面无形镜子的无形力量吧！你要将赞美当作自己的一种习惯，去发自内心地赞美身边的人。回过头来，你会发现整个世界都在对你微笑。

敞开你的心扉，把自己融入真正的友谊中去

真正的朋友就是那个任何时候都毫不犹豫帮助你的人，就是那个无论何时都学会站在你身边的人，就是那个你最信任的人，就是那个激励你向上的人。所以，友谊对我们每个人来说是多么的重要。敞开你的心扉吧，让自己融入友谊的世界之中。

真正的友谊是人生非常珍贵的礼物。古人说得好："一个篱笆三个桩，一个好汉三个帮。"友谊，在平时似乎还觉察不出它的珍贵来，然而一旦感到有困难时，尤其是在当你犯了错误、"落难"时，一般人所持的态度往往是想说而不敢说、不会说，甚至躲得远远的。此时，唯有朋友才会伸出友谊之手，同情你，安慰你，支持你，帮助你。

友谊是人们在交往活动中产生的一种特殊情感，是一种来自双向关系的情感。真正的友谊是能够向朋友透露自己的思想感情和内心秘密；是对朋友充分信任，确信其"自我表白"将

为朋友所尊重，不会被轻易外泄或用以反对自己。所以说，朋友之间是需要真诚相待的。换言之，只有敞开心扉，你才可以获得真正的友谊。

中国自古以来就是重视友谊的国家。在古代，钟子期和俞伯牙"高山流水"的友谊被传为佳话。

战国时，有一个人叫俞伯牙。这人琴弹得特别好。有一天，他在山里弹琴时，遇到一个打柴人叫钟子期。俞伯牙一弹琴，钟子期就说："峨峨兮若泰山。"俞伯牙心里很惊讶，因为他心里正想表现高山，就被听出来了。俞伯牙心想：我换一个主题，我表现流水，看你还能不能听出来。谁知，钟子期一听，又说："洋洋兮若江河。"不管俞伯牙弹什么，钟子期都能听出音乐想表达的内容。

于是，两个人就成为了好朋友，成为知音。他们的友谊似乎并没有多少言语的交流，但他们把自己的内心都融入了琴声中，透过琴声彼此传达了自己的心扉，所以才可以有那么深厚的交情。

除了知音这个典故外，还有很多讲友谊的故事。其中，"元白情深"也颇为值得一说。

在唐朝文坛上，两个文人给后人留下了"文人相亲"的佳话。他们就是白居易和元稹。

两人的友谊是在共患难中建立起来的。元和十年（815

年）正月，白居易与元稹在长安久别重逢。两人经常畅谈达旦，吟诗酬和，彼此敞开心扉，非常交心，所以也建立起了很深厚的友谊。

再后来，休戚相关的命运，把白居易与元稹紧紧联系在一起。他们一生交谊很深，世人称他们为"元白"。

年轻的你，走上社会去实现自己的梦想，开创自己的事业，当然也少不了友谊，也需要与志同道合的人合作——不仅需要事业上的亲密战友，还需要生活中的共同伴侣。当然，最好的是，两个人互帮互助，无话不谈，到了彼此不分你我的境界。彼此的心灵是完全为对方敞开的，有时候无须过多的语言，彼此就可以心领神会。倘若如此，你将不仅会赢得伟大的友谊，还会为自己的事业开拓更宽的路。

你也知道"朋友多了路好走"的道理，也明白任何人都少不了朋友，无论是事业方面的朋友，还是生活中的朋友。不过，你要睁开眼睛看清楚朋友的内涵，要求去结交真正的朋友，而远离那些可能将你带入歧途的朋友，毕竟朋友有益友和损友之分。

那么，谁是你的益友呢？我认为，益友就是真正的朋友。真正的朋友就是那个任何时候都毫不犹豫帮助你的人，就是那个无论何时都学会站在你身边的人，就是那个你最信任的人，就是那个激励你向上的人。

除此之外，那些吃喝玩乐在一起相互吆喝吹捧，在工作或生活中，为了某些利益和你交好，或者在你危急时刻漠不关心甚至落井下石的，都是损友。这类人，你是没必要浪费时间跟他们交往的，是要尽快远离的。

　　友谊对我们每个人来说都重要。每个人都需要友谊。如果年轻的你遇到益友时，就敞开心扉，融入友谊的世界之中吧。

倾听是一种让你收获颇丰的美德

倾听既是一种能力，也是一种美德。就跟勤劳善良、助人为乐一样，是人内心深处的一种美好品质。因为从本质上说，都是一种向善的力量，都是需要通过长时间日积月累凝聚于自己的内心，都是能够给别人带去帮助，都是可以为这个世界增添更多的美好与亮色。而归根结底，倾听还可以为自己带来意想不到的收获。

上帝创造人类时是有他特殊的安排和考量的，他为每个人设计了一张嘴巴和两只耳朵。耳朵的数量是嘴巴的两倍，耳朵理应承担更多的"工作任务"。所以有一句话就说，上帝的意思是，让人类要少说话，多倾听。

不过，现实社会中的状况好像是这样的：每个人都很着急，都急着要表达自己想要表达的意思，急着说自己想要说的话。在一个集体中，每个人似乎都在七嘴八舌地说着各自的话，而当别人在说话时，却只顾着自己玩手机或者发呆，完全不懂得倾听。

事实上，真正优秀的人都非常重视倾听。

倾听，看上去好像非常简单，只需要你坐在那里，不要将自己的耳朵堵上。在别人说话时，听进去就好了。但是，事实并非如你想象般简单。真正的倾听，靠的不仅是耳朵，还有你的心。唯有用心去听，听进去对方说的每一个字、每一句话，听进去对方每一个表情和语气，听进去对方话语背后的真正诉求和希望。并且能够在听的同时，表达自己的关心与理解，并能够力所能及给予帮助。

所以，倾听是一件不容易的事情。它是需要有很高的情商，有很强的理解力和同理心。真正倾听，需要你安静地坐着，让别人敢于放开自己，大胆地说话，对于对方说的话，通过点头或者其他细微的表情来予以回应，让对方感受到自己在认真地听。并且听完之后能够给对方比较合理的建议，建议的话并不一定要多么冗长，有时可以是非常简短的话，但是要能够说到对方的心里，给对方足够的安慰或力量。

倾听既是一种能力，也是一种美德。就跟勤劳善良、助人为乐一样，是人内心深处的一种美好品质。因为从本质上说，都是一种向善的力量，都是需要通过长时间日积月累凝聚于自己的内心，都是能够给别人带去帮助，都是可以为这个世界增添更多的美好与亮色。而归根结底，倾听还可以为自己带来意想不到的收获。

你的认真倾听，可以为你带来深厚的友谊。事实上，在生活中，每天都会遇到许许多多错综复杂让人意想不到的事情，有快乐的事情需要与人分享，有悲伤的事情也需要向人倾诉，那么向什么样的人去分享呢？当然是你心目中懂得倾听的那个人。

我不知道你有没有这样的时刻，在你感到悲伤难过时，你特别渴望找一个人可以来诉说自己的烦恼，特别渴望有个人来认真倾听你的悲伤。但是，在那个黑暗无比的深夜里，你翻遍了手机里所有的号码，却始终翻不出你想要找的一个人来。

有一位名校的女生，长得特别漂亮，身材高挑又性格活泼，非常招人喜欢。在许多人看来简直就是"完美"的代名词。但是她却有着自己的苦恼，她患有轻度的抑郁症，她经常找不到一个让自己放心的述说对象。好几次，她都有过自杀的念头。直到有一次，她遭受到男友的抛弃，感情受挫，真正想到了死。

而这个时候，女孩找到她的一个师兄，想跟师兄说说话道个别。这个师兄是一个特别善于倾听的人，他发现这个平时活跃的女孩其实背后藏着许许多多的忧伤。那个晚上，他只是非常安静地听着女孩子的述说，偶尔点点头，偶尔微微笑，偶尔插上一段简短却幽默的话，逗得女孩子咯咯地笑。这晚回去之后，女孩睡得很踏实。后来，师兄总是"机缘巧合"地来找女孩，女孩在他面前也似乎更加乐意放开心怀去述说。慢慢地，女孩子头上的乌云也逐渐散开去了，变得更加开朗阳光了。通过这位师兄认真地倾听，可以说是挽救了一个女孩的生命。两个人之后慢慢自然发展成为了恋人关系。

学会倾听，你还可以为自己创造更多的业绩，帮助自己事业进步。做过销售的人都知道，尤其是销售能力格外突出的人更加明白。在与客户交谈时，真正重要的事情不是不停地讲自己公司产品的信息，而是要认真地去倾听客户，通过倾听去真正了解他们的内心需求，通过倾听真正让他们得到尊重与重视，通过倾听才可以有效地去满足他们的各种需求。这样就可以顺理成章地完成更多的销售业绩，当然就可以成为一个优秀的销售员。

在其他岗位上，倾听也一样重要。只有通过倾听，才能对他人表现出真正的关怀与理解，才能更好地促进合作，达到最后的共赢。

学会倾听，虽然并不容易，但只要你用心，其实也不算什么难事。我们要充分意识到，学会认真倾听，可以为自己带来非常丰厚的回报。我们要充分相信，每个人都可以成为一名优秀的倾听者。

你做出的任何承诺都是影响你未来的信誉

你做出的任何承诺是影响你未来的信誉。如果你做出的承诺全部认真地兑现了，那么你在你的信誉表上又增加了一大笔；但如果你常常自己吞食自己的承诺，那么你未来的信誉也将一点点地减少，直至最终无人可信任你。

除了倾听外，我还告诉年轻的你，不要轻易承诺，承诺了就一定要兑现。

你答应了别人一件事，说好了在某某时间帮忙做某某事情。但是，直到过了那个时间，你却丝毫没有做任何事情。你以为时间过去了，这件事情也就无人谈起，你曾经做出过的承诺也就仿佛没有发生过。但是，这其实是一种自欺欺人。因为世间的因果报应是存在的，未来某一天你需要别人帮忙时，别人也许会想到你是一位不值得相信的人，所以在关键时刻，你也会缺少朋友的帮忙。

你做出的任何承诺是影响你未来的信誉。如果你做出的承诺全部认真地兑现了，那么你在你的信誉表上又增加了一大笔；但如果你常常自己吞食自己的承诺，那么你未来的信誉也将一点点地减少，直至最终无人可信任你。

人一生中有很多美好的品德。其中，很重要的一个品德就是要讲诚信、要说话算话。

借别人的钱，看起来是一件微不足道的小事，但如果借钱不还，就关系到此人是否诚信的问题。

我有位高中同学，因为信守承诺，我至今还记得他。时隔十七八年，每当提起他时，我总是忍不住内心感到钦佩。

有一次，班级统一让大家定课外书，那个同学身边没带钱，于是就向另一个同学借了30块钱，说好是一个月之后归还。但是，那个同学因为家里非常穷，一时也不好开口向家里要钱。但是，还钱的时间一天天地逼近，他不想做一个不诚信的人。

无奈之下，他每天放学之后就会去学校附近的垃圾桶里捡饮料瓶和废纸卖。经过一个多月的坚持，他在业余时间捡废品卖终于凑齐了30块钱，并按时归还给我的另一位同学。

后来，这件事情被学校知道了。学校校长还专门在大会上表扬了他，号召大家都来学习这种信守承诺的品质。

信守承诺的人，自古以来就一直受到人们的尊重和爱戴。那件事后，那个同学的人缘明显上升，很多同学都主动帮助他——只要他有事需要帮助，同学们都毫不犹豫地出手相助。

一个人诚实有信，自然得道多助，能获得大家的尊重和友谊。反过来，如果贪图一时的安逸或小便宜，而失信于朋友，表面上是得到了"实惠"，但为了这点实惠却毁了自己的信誉，信誉相比于物质是重要得多的。所以，失信于朋友，无异于失去了西瓜捡芝麻，得不偿失。

中国自古就是闻名古邦，讲究诚信。这样的故事还数不胜数。

北宋词人晏殊，素以诚实著称。在他14岁时，有人把他作为神童举荐给宋真宗。宋真宗召见了他，并要他与一千多名进士同时参加考试。结果晏殊发现考试题目是自己十天前刚练习过的，就如实向真宗报告，并请求改换其他题目。宋真宗非常赞赏晏殊的诚实品质，便赐给他"同进士出身"。

晏殊当职时，正值天下太平。于是，京城的大小官员便经常到郊外游玩或在城内的酒楼茶馆举行各种宴会。晏殊家贫，无钱出去吃喝玩乐，只好在家里和兄弟们读写文章。

有一天，宋真宗提升晏殊为辅佐太子读书的东宫官。大臣们惊讶异常，不明白真宗为何作出这样的决定。宋真宗说："近来群臣经常游玩饮宴，只有晏殊闭门读书，如此自重谨慎，正是东宫官合适的人选。"晏殊谢恩后说："我其实也是个喜欢游玩饮宴的人，只是家贫而已。若我有钱，也早就参与宴游了。"这两件事都关乎诚信，使晏殊在群臣面前树立起了信誉，而宋真宗也更加信任他了。

当然，中国古代有关诚信的故事数不胜数，现实生活中讲诚信的事例也非常多。我无意给你讲太多诚信故事，但要真心告诉你，要成就自己的事业，要想将自己有效推销出去，就需要成为一个令人信任的人，就需要信守承诺，在任何人面前不要轻易承诺，但承诺了一定要尽力做到。

因为，信守承诺一直是中华民族的传统美德，也是一个人的基本道德操守。信守承诺又是一笔无形的未来资产，因为信守承诺的人将会赢得更多朋友的信任，取得更大的成就。

宽容能让你与他人相处变得轻松起来

没有人是可以完全离开他人而生活的。人与人之间相处是这个社会必然的规律。既然我们要生活在这个集体中，过群居的生活，那么我们便不可能独自寡居，既然我们注定要与各色各样的人相处，那么让这种相处变得紧张，还不如变得轻松一些呢！

人无完人，别人如此，你也一样。因此，你在向人推销自己，与人相处时，不仅要想到自己不是完美的，而且必须要宽容他人，接纳他人的不完美。

人与人相处，有时是件非常不容易的事情。上帝创造了人类，但他并没有按照同一个模板来"制作"人，把每个人都做成统一的版本。相反，每一个人不仅外在的样貌存在着千差万别，性格特点和内在的心思更是错综复杂。换句话说，就是每个人都不一样，所以跟他人相处有时可能并不是那么愉快。

不要说别的什么不熟悉的人，单是我们和父母也并非如想象中那么好相处。我们都是父母爱情的结晶，身上都流淌着来自父母的血液。但是，尽管如此，我们从小到大，跟父母的关系也并没有那么轻松愉快吧。有时我们会嫌弃父母的唠叨，父母会担心自己的顽皮。到我们逐渐长大之后，我们有了自己的想法，觉得自己的人生应该要自己来做主，但是父母却总是用爱我们、为了我们好的名义来控制自己的人生，矛盾也就会因此集聚、爆发。

纳兰容若曾经说过，人生若只如初见。人与人初见时，彼此都是看见了对方的优点和美好的地方，所以彼此都是客客气气的。但是随着相处的时间越来越长，慢慢地会发现对方身上的缺点和不足，发现对方原来并不如自己想象般完美。所以就逐渐地会开始争吵，开始闹矛盾，似乎完全忘却了最初的美好，相处变得紧张起来，慢慢可能还会有点剑拔弩张的感觉。

其实，我们忘记了一样东西，那就是：宽容。有句话说得好，忍一忍风平浪静，退一步海阔天空。当我们与别人发生争执或冲突时，尤其是与我们亲近的人之间发生矛盾时，请让自己安静一下，冷静地想一想。把那一句即将脱口而出伤人的话咽回去，那一个即将甩出去的巴掌压一压，多想想别人的好。或许还可以回避一下，也许你们的关系根本没必要这么紧张，也许你的宽容可以让你们之间的感情更加持久。

有一个来自外国的故事，讲的跟宽容有关，也非常感人。

有一个年轻妈妈在忙着做家务时，没有顾得上照看自己的孩子。小孩子活泼好动，没有人看管，可能很容易出危险。当妈妈正在厨房忙碌时，突然听到"啪"的一声，可爱的孩子从窗台上不小心摔到了楼下，弱小的生命在一瞬之间化为亡灵。

　　但是，让人意外也让人感动的是，当孩子的爸爸得知这个消息赶回来时。并没有第一时间去责骂自己的妻子，而是将自己心爱的妻子紧紧地搂在自己的怀里，给她最最需要的安慰。因为丈夫明白孩子的死已成事实，妻子的过错也确实存在。但是如果一味地责骂，又能挽回什么？还不如给活着的人更多宽慰来得好。我相信，这对夫妻虽然面临了失去爱子的悲痛，但是这个女子有丈夫如此的宽容，他们未来的日子一定会越过越幸福，越来越充满阳光。

　　事实上，把这个事情放在某些家庭中，或许结果会让人难以想象。身为丈夫，不仅会狠狠地责骂自己的妻子没有照看好孩子，甚至还有可能极尽羞辱之能事，最终以离婚收场，让整个家庭变得四分五裂。但是这样做，又能挽回什么呢？又能改变什么呢？妻子也是无心的，只要自己心中还充满着爱，哪怕忍受再大的悲痛，也要用宽容和爱去对待自己的妻子，因为她也是受害者。你的宽容，无法改变过去，但是可以改变现状，也可以让未来变得更好。

　　上面所讲到的事算是一件大事了。但在我们日常生活中，与人相处之时更多的或许都是一件又一件的小事：跟同事之间，因为谁干活干得多吃亏了，而相互僵持不已；跟朋友之间，因为一句不经意的玩笑话，而关系变得很僵；跟爱人之间，因为出差忘记带了小礼物，而相互之间好几天都不理睬……

其实，关系变得紧张之后，不仅让与你相处的人感到难受，也同时会让自己感到不舒服。

没有人是可以完全离开他人而生活的。人与人之间相处是这个社会必然的规律。既然我们要生活在这个集体中，过群居的生活，那么我们便不可能独自寡居，既然我们注定要与各色各样的人相处，那么让这种相处变得紧张，还不如变得轻松一些呢。究竟怎样才能轻松呢？我早已经告诉你答案了：宽容。

第六章
做最优秀的自己，
让不良习惯远离你

在追求梦想的道路上，有时你的"跌倒"不是因为你不够努力，而是你的不良习惯给你使了绊子。年轻的你，要实现自己的梦想，过上想要的生活，就需要做最优秀的自己，预防和改掉自己身上那些可能给你成功制造障碍的习惯，培养相对应的良好习惯。

任意放纵自己，那是对自己的未来不负责

疲惫时，难过伤心时，寂寞时，无论生活中碰到怎样的情形，让你无法维系现有的生活，都不要去尝试放纵自己，因为放纵是一个无底洞，它会葬送掉你的一切。

在疲惫时，人们总是免不了要放松一下，让自己的身体和心灵得到舒缓，以便自己更好地走以后的路。但是，如果人放松过了头，就会走向另外一个极端——放纵。如果一个人任意地放纵自己，那就是对自己的未来不负责。这一点，是包括已经成功的人和在奋斗路上的人都必须引起注意的。

任何一个人，要想保住自己的志向，就要千百次地告诫自己，绝不要沉沦于那梦痴般的殿堂，不慎交错了朋友，千万别放纵自己迈出悔恨终身的第一步。因为人一旦放纵了自己，就会让自己受伤，因而你一路上所经历的，也只是孤孤单单的长途跋涉以及全身累累的伤痕，当然也会犯下内心认为终身难以弥补的伤害。

也许有一天，你会突然感悟到人生就是一场梦，但发现生命所剩岁月已经寥寥无几；也许有一天，你会突然明白到自己所犯的过错深重，却发现你已经没有时间弥补错误了。

老舍在《新爱弥儿》中曾说过："小孩子是娇惯不得的，有点小毛病就马上将就他，放纵他，他会吃惯了甜头而动不动的就装病玩。"这说的是教育子女的问题，也是说放纵的危害。

在现实生活中，我们也不难遇到因家长娇惯孩子或放纵孩子的事。下面举例说下我的隔壁欣欣的故事。

欣欣是独生女，她的爷爷、奶奶、爸爸、妈妈都十分宠爱她，这是街坊邻居都知道的事。平时，欣欣只吃牛奶、面包、鸡蛋，一般饭菜嚼在嘴里是绝不肯下咽。她穿衣服从小就要挑花色品种，要比别人漂亮。在家里，她对她父母说话就像下命令似的，稍不如意就哭闹、发脾气。在幼儿园，她也不愿意和别的小朋友一起玩，出门上街走几步路就嚷着要抱。都5岁了，她还不会穿衣服，街坊邻居都说她像个无赖的"小公主"。

欣欣只要一看见她爸爸就故意撒娇，闹腾得没完没了的。有一天，她爸爸带她玩时，因为天气热，欣欣把外套脱掉，上身只剩下一件T恤，直到后来小手冻得冰凉。那天下午，欣欣和她爸爸在一起看电视时，竟然把衣服全脱掉。她爸爸无论说什么她都不听。没办法，这孩子太倔强了。

到夜里12点钟左右，欣欣开始吐，因为受了凉吐了好几次。她爸妈没办法，只好带着她去挂急诊，幸好没有大碍。

欣欣这样就是因为他父母从小太放纵她了，任由她的脾气来，一点规矩也没有。最后养成了这种娇惯的脾气，未来不知道要吃多少苦头呢。而事实上，很多成年人没办法管住自己，在生活中任意地放纵自己，也正是因为从小养成的不良习惯导致。

在我们生活的周边，放纵自己的行为也时有发生，放纵自己的人也大量存在。任意地放纵是对自己的未来不负责任，不仅会危害社会以及危及自己，还会连累亲人，让爱你的人遭殃。

年轻的你，走上社会去闯天下，创事业，将会见到很多东西、很多事物。面对各种物质诱惑，你难免要动心。但是，我要告诉你的是，对新鲜事物动心是很正常的，但切记不能任意放纵自己，遇事要理智要动脑筋想一想，不能跟着感觉走，不能随着性子来。疲惫时，难过伤心时，寂寞时，无论生活中碰到怎样的情形，让你无法维系现有的生活，都不要去尝试放纵自己，因为放纵是一个无底洞，它会葬送掉你的一切。

你追求的是实现自己的梦想，渴望的是实现自己的人生价值，必须时时刻刻对自己的人生负责，一定要远离"放纵"。因为你输不起，只要稍微放纵自己就可能导致所有努力白白付出。

诱惑背后隐藏着"毒蛇"，你要守得住底线

诱惑能使人失去自我，这个世界有太多的诱惑，一不小心往往就会掉入陷阱。你要睁大眼睛，找到自我，固守做人的原则，守住心灵的防线，不被诱惑招引，你才能生活得安逸和自在。

在现代社会，几乎到处都充满了各色各样的诱惑，如果你心智不坚定，很可能就一不小心掉入诱惑的陷阱之中。殊不知，诱惑背后隐藏着一条巨大的"毒蛇"。那么，到底什么是诱惑呢？

蜜蜂认为，诱惑是鲜艳的花朵；蚕儿觉得，诱惑是刚被露水洗涤过的嫩嫩的桑叶；对树来说，诱惑就是黎明升起时太阳的光芒；蚂蚁则认为，诱惑是行人丢弃的食物。

诱惑对我们人类来说，是什么呢？就是利用我们人性贪婪的弱点，给我们一些非常吸引我们的物质，让你觉得唾手可得，却不料你将付出更巨大的代价。

诱惑表面上看起来当然不像是诱惑，看上去它甚至非常正常，有时还会以非常温柔美好的形式出现。

在非洲夏夜的草地上，一头强壮的驴子在安详地吃着草。一只小小的吸血蝙蝠悄悄地落在驴子的后蹄处，用它细小的舌尖轻轻地舔驴子的脚踝处。起初，驴子不断抬蹄或用尾巴来回扫动，渐渐地被舔得很舒适，不再烦躁，仍继续吃草。就这样，驴子被麻醉了，蝙蝠就一会儿咬了个小口，与同伴轮流喝干了驴子的血……

"杀人蝙蝠"仅仅施以舒适而致命的诱惑，在驴子陶醉沉迷之中杀死了比自己大千百倍的对手。当蝙蝠舔驴子时，驴子感到很舒适，被这种舒适麻醉了，招来了杀身之祸，这是自然界中存在的诱惑。

显然，人比蝙蝠高等，"舔人"的方式、方法和技巧会更多更绝更巧妙，所以"被舔人"很快招来杀身之祸也不足为奇。

在现实生活中，我们现在经常会接到一些诈骗电话，或者见到一些专门设置的骗局，都是先用奖品来诱惑人的，如果你轻易相信，你最终非但拿不到奖品，还有可能赔上一大笔。还有一些网上购物，用非常低的价格来诱惑人们。当你一旦被别人吸引之后，你紧接着很可能就会付高价买你并不想买的东西。

其实，在任何时候，我们都需要有一份面对诱惑不心动的淡定，不为其所惑。虽平淡如行云，质朴如流水，却让人领略到一种山高海深，让人感觉到一份放心。而这样的人，也是真正懂得如何生存的人，值得我们尊敬的人。

一个顾客走进一家汽车维修店，自称是某运输公司的汽车司机。他对店主说："在我的账单上多写点零件，我回公司报销后，有你一份好处。"但店主拒绝了这样的要求。

顾客继续纠缠道："我的生意很大，我会常来的，这样做你肯定能赚很多钱！"

店主告诉他，无论如何也不会这样做。

顾客气急败坏地嚷道："谁都会这么干的，我看你真的是太傻了。"

店主火了，指着那个顾客说："你给我马上离开，请你到别处谈这种生意。"

谁知这时顾客竟露出微笑并紧紧握住店主的手说："我就是这家运输公司的老板，我一直在寻找一个固定的、信得过的维修店，我终于找到了，你还让我到哪里去谈这笔生意呢？"

事实上，真正抵御得了诱惑的人，也才是能有大成的人。古往今来，都是如此。东汉人杨震就是抵得住诱惑的典型，被称为"关中孔子"，颇得称赞。

杨震做过荆州刺史，后调任为东莱太守。当他去东莱上任时，路过冒邑。冒邑县令王密是他在荆州刺史任内荐举的官员，听到杨震到来，晚上悄悄去拜访杨震，并带金十斤作为礼物。王密送这样的重礼，一是对杨震过去的荐举表示感谢，二是想通过贿赂请这位老上司以后再多加关照。可是没想到杨震当场拒绝了这份礼物，说："故人知君，君不知故人，何也？"王密以为杨震假装客气，便说："暮夜无知者。"意思是说晚上又有谁能知道呢？杨震立即生气了，说："天知、地知、你知、我知，怎说无知？"王密十分羞愧，只得带着礼物，狼狈而回。

荀子说："人生而有欲。"但是，人生而有欲望并不等于欲望可以无度。宋朝理学大家程颐说："一念之欲不能制，而祸流于滔天。"正因为如此，古往今来，因不能节制欲望，不能抗拒金钱、权力、美色的诱惑而身败名裂，甚至招致杀身之祸的人不胜枚举。

年轻的你，在追求梦想的道路上，不可避免要遇到一些诱惑。因此，你时刻要明白，你的终极目标是实现梦想，某些诱惑你必须抵制，而且诱惑能使人失去自我，这个世界有太多的诱惑，一不小心往往就会掉入陷阱。你要睁大眼睛，找到自我，固守做人的原则，守住心灵的防线，不被诱惑招引，你才能生活得安逸和自在。

懒惰是失败的温床，你越勤快就离成功越近

其实在生活中很多灾难与不测都是因为我们的懒惰造成的。命运靠自己来掌握，选择勤劳就可以得到幸福，携带懒惰永远难成大事。

在现实生活中失败的人，总是会为自己寻找千千万万种理由，有些是客观因素，也有些是主观原因，但无论什么原因，最后都可以归结到一个字"懒"。人类一切罪恶的源泉，也就在"懒惰"二字上。一个懒惰的人，必然也是一个荒废时间、无所事事的人，怎么可能会获得成功呢。

勤快的人并不一定能够马上获取成功，但不得不承认，勤快是成功的一个必要条件。因为只要你变成一个勤快的人，珍惜时间，抓紧时间把任务及时地完成。久而久之，你会积淀出一种能力和品质，你离成功也就不遥远了。

我给你讲个故事吧，或许你能够从中自己感悟到些什么。

从前，有两个邻居一起结伴去买扫把。从集市高兴地回到

家里后，其中一个人每天都用扫把把院子打扫得干干净净，扫把也很喜欢帮助人类打扫。可是，另一个人却从来没有打扫过，买回的扫把随手被扔在墙角。

有一次，邻居问他："你为什么不用买回来的扫把打扫一下院子呢？"懒惰的邻居摆摆手，说："我的扫把太懒惰了，所以院子才会这么脏。"被丢弃在墙角的扫把生气地想反驳，可它却什么也做不了。

第二天一早，懒惰的邻居发现自己的院子非常干净。他搞不清楚这是怎么回事。勤快的邻居对他笑着说："这是你那懒惰的扫把干的。"

懒惰的邻居大声地说："少胡说，扫把怎么可能自己有生命和思想呢！"

勤快的邻居笑了起来，说："那你昨天为什么说扫把懒惰呢？"

懒惰的邻居低下头羞愧的不语。从那以后，懒惰的邻居每天打扫院子，不再懒惰。

偷懒的人总是会给自己找各种各样的借口和理由，而勤快的人只要默默无声地付出行动。两相对比，结果自然也就不言而喻。

对一个人而言，勤快的习惯不仅能帮助他做好努力想做的事，有时还可以给他带来意外的报酬。天道酬勤，这可能就是上天给勤快人的一点额外奖赏吧！

从前，在一个偏僻的小村庄里住着一位农民。他只有很小的一块田地，但他却非常珍惜，一直都很认真地耕种。

有一年，他的收成很不好。到第二年春耕时，他只剩下一小袋种子——他视如珍宝。播种的当天，天刚一亮，他就从床上爬起来，来到了他那块田里。他十分小心，生怕遗失了每一粒种子。

到了正午时分，太阳毒辣辣地烤着他的脊背。他感到很疲乏，便停下来在树旁休息。当他坐下时，一把种子突然从袋子里撒了出来，掉到树干下的一个树洞里。虽然只是一点种子，但对这个农民来讲，每一粒种子都是宝贵的，丢失了都是损失。农民心疼不已。他拿着铲子，开始挖这株树的根。

天气越来越热，汗水沿着他的脊背和眉毛滴了下来，但他还是不停地挖。当他最终挖到种子时，他发现它们掉了一个被埋着的盒子上面。他捡起了种子，又顺便打开了那个盒子。在打开那一刻，他惊呆了：盒子里装满了黄金，那些宝贝足够让他过完下半辈子。

从此以后，这个原本贫穷的农民变成了一个富有的人。人们对他说："你真是世界上最幸运的人。"他却笑着说："不错，我是很幸运，但这些都源于我的辛勤劳作和对种子的珍惜。"

这是奖励勤快人的故事，告诉人们，做人勤快才能改善生活，改变命运。相反，懒惰则是人生成功和幸福的大敌。因为没有天上掉馅饼的好事，没有任何好运青睐一个懒惰的人——即使钱财和成功在懒惰人眼皮底下，懒惰人也会懒得去抓住它们。

事实上，在现实生活中，无论你是什么学历、什么背景，只要你足够勤快，用自己的手脚和大脑去努力付出，都会可能获得成功。

阿康是一个中专生，刚毕业时做过一段时间的酒店机场代理。很辛苦也很无聊。最后他决定往自己的兴趣——摄影方面发展。他非常勤奋，花了大量时间专门读了有关摄影的课程，完成之后作为一名摄影师，进了一家摄影工作室工作。在那里他认识了化妆师，也就是现在的老婆。

两人在一起之后决定开一家摄影工作室，迅速行动，忙前忙后。工作室渐渐开始做出了自己的风格：简约、大气，又有点欧美范儿，不落俗套。婚后第 4 年，他们有了自己的宝宝，也开上了奔驰，并在上海买上了别墅。

阿康虽学历不高，却勤劳肯干。而正是这种勤快的精神让全家人过上了好日子。其实在生活中很多灾难与不测都是因为我们的懒惰造成的。命运靠自己来掌握，选择勤劳就可以得到幸福，携带懒惰永远难逃成大事。

年轻的你，去追求自己的梦想，时刻要记住：懒惰是失败的温床，你勤快就离成功近了。如果你养成了懒惰的习惯，即使成功在你眼前，你也不会抓住机会，你的梦想也永远实现不了。相反，你养成了勤快的习惯，你就不知不觉地朝着成功走近了，你的梦想离你也越来越近。不仅如此，勤快的你还可能收到意外的惊喜。

攀比会让你在追求梦想的道路上迷失

攀比心理与不满足心理犹如一胞姐妹，相伴而生。攀比是不满足的前提和诱因，在没有原则、没有节制地比安逸、比富有、比阔气中，致使心理失衡，越发不满足。

在生活中，我们总会自觉不自觉地与人比较。当然，我们也需要与人比较。通过与他人的比较，我们可以认清自己身上的不足，激发个人奋斗的潜力，给人带来向上的动力。

但是，如果这种比较超出了合理的范围，就会变成盲目攀比了。攀比会让自己活得很累，让自己的心理失去平衡。因为盲目攀比往往是拿自己的缺点和别人的优点比，等自己的弱势对抗别人的强项，其结果自然可想而知：慢慢地会让你在追求梦想的道路上迷失自我。

有位哲人曾经说过："与他人比是懦夫的行为，与自己比才是真正的英雄。"所以，你更应该把眼光放在自己的身心上，让生活多一份快乐与满足。"攀得高，摔得重"，生活的差别无处不在，人们在差别中情不自禁地产生了攀比的心理，而盲目攀比却让人们习惯性地将自己所做的贡献和所得的报酬与别人进行比较。如果这两者之间的比值大致相等，那么彼此就会感到公平感；如果某一方的所得大于另一方，那么另一方就会产生心理失衡。

有些人爱显摆，爱比富，最终比来比去，却比出了失意，比出了落寞。尤其是年轻人在盲目攀比之中会迷惘，会严重影响其梦想的实现，最终会付出惨重的代价。

小单是从农村考上大学的孩子。开学不久，他就发现自己因为穷困而"显得卑微"。为了多赚钱能够穿好的、吃好的，他利用一切可以利用的时间出去打工赚些零用钱。

刚开学时，因为学习不是很紧张，他还能应付。慢慢随着课程难度的逐渐加深，他感到心力不足。特别是他最近打算买一件名牌上衣，多打了几份零工，弄得他上课没精神、瞌睡。他被老师叫醒后还迷迷糊糊，半天才惊醒过来支支吾吾地说："我……我昨晚学得太晚了……"

"哦！学习了？"老师不愠不火，"这名牌衣服很合身！"

"嗯，我很喜欢。"小单摸着衣服兴奋得脸都红了。

"真的学习了？"老师的语气有些严厉，"我分明看到一个诚实的好学生，快被虚荣心吞噬了！"

"虚荣心？"小单声音提高，委屈地说，"穷人家孩子穿一件名牌就是虚荣心理吗？老师您侮辱人。"

老师指着他身上的名牌衣服说："人如果在乎外表，用外表来充门面掩饰内心的自卑，那么他的心灵早晚会被虚荣心吞噬，看不见当前什么才是最紧要做的。"

在老师严厉的话语中，小单羞愧难当，从此不再和人比吃穿，安心学习。渐渐地，他以优异的成绩得到了全校同学的尊重。

小单为了名牌衣服打零工的行为，完全就是一种与周边同学攀比的行为。这种不良的攀比，势必会影响到他的学业，影响他的心理和人格，进而让他在追求梦想的道路上迷失自我，幸亏被老师给点化醒了，才避免懊悔终身。

其实，攀比心理在任何时期、任何情况、任何人身上都有着影子。

例如，一位大爷看见邻居王大妈家盖了一幢非常漂亮的小洋楼，就会心想：哼，就以为你们家有钱盖房子吗？明天我就拆房盖小别墅。等到真的就把那幢老楼房给拆了，却发现穿着一身的土衣服，上面还挂着补丁的他，根本就盖不起新楼房。这不是瞎攀比吗？

某些人看到与他差不多的人用车比自己高级、住房比自己宽敞，自己甚至还不如某些"比自己差的人"，心里就会感到很不平衡，于是也换车建房去。其原因主要是心理上的诱因导致的。

　　攀比心理与不满足心理犹如一胞姐妹，相伴而生。攀比是不满足的前提和诱因，在没有原则、没有节制地比安逸、比富有、比阔气中，致使心理失衡，越发不满足。比房子，比车子，甚至还有攀比死的，看谁死得风光死得体面，这种攀比实在是深入骨髓了，让人听起来都感觉到害怕不已。

　　攀比使得一部分人心理自始至终处于一种极度不安的焦躁、矛盾、激愤之中，使他们牢骚满腹，不思进取，工作中得过且过，和尚撞钟，心思不专。更有甚者会铤而走险，玩火烧身，走上了危险的钢丝绳。

　　年轻的你，在追求理想的道路上，一定不能陷入攀比的心理误区，要用"和自己赛跑，不要和别人比较"的生活态度来面对生活。唯有这样，你才能避免攀比给你带来的困惑，才能真正做最优秀的自己，远离那些不良习惯。

拒绝拖延习惯，原地踏步就是浪费时间

有拖延习惯的人会永远把该做的事情摆在那里，时间过去很久，却依然原地踏步，动也不动。要知道，原地踏步就是浪费时间。

诺贝尔经济学奖获得者乔治·阿克洛夫曾自爆拖延经历：他需要将一箱衣物从居住的印度寄往美国，因为预计需要用一个工作日处理，于是决定晚点儿寄，结果日复一日，足足拖了8个多月。"8个多月里，每天早上醒来，我都决心第二天一定要将箱子寄出。"但是，他一直没付诸行动。这之后，拖延成为一种重大的课题，拖延研究也成为学术界一个重要领域。

拖延的习惯其实遍布在我们生活的方方面面：说好今年要开始健身的，但是因为很多原因至今还没开始；明明知道今天是最后交稿日，还是有很多理由干这干那，就是打不出一个字；那件火烧眉毛的事，因各种琐碎拖住或者只是偷个小懒而没办成。从心理学上，这是一种叫作"拖延症"的病状。

拖延习惯总是表现在各种小事上，但日积月累，特别影响我们个人发展，而且拖延症严重危害人们的正常生活。它会让我们开始怀疑自己，当自己不能按时完成某项工作时，长期如此，你会觉得自己有身体方面的疾病，长期这样也会给内心造成影响，变得不自信，怀疑自己的人生。另外，还特别容易出现焦虑，因为工作和学习的不突出，拖延成了恐慌，他们开始否定自己，贬低自己，从而产生焦虑，甚至会有厌世情绪。

下面这个故事或许能看到自己的影子。

张敏是一个企业部门主管。由于他有拖延习惯，整整一上午，他原本打算要完成的事情一件都没有完成得了。

清晨，在上班途中，张敏就信誓旦旦地下定决心，一到办公室即着手草拟下年度的部门预算。

他准时于9点整走进办公室。但是，他并没有立刻开始预算草拟工作，因为他突然想到不如先将办公桌及办公室整理一下，以便在工作之前，为自己提供一个干净与舒适的环境。他总共花了30分钟，使办公环境变得有条不紊。他觉得30分钟的清理工作有利于以后工作效率的提高。他面露得意神色随手点了一支香烟，稍作休息。

此时，他无意中发现报纸上的彩图照片是自己喜欢的一位明星。于是，他情不自禁地拿起报纸来。等他把报纸放回报架，时间又过了10分钟。这时，他略感不自在，因为他已自食诺言。不过，报纸毕竟是精神食粮，也是重要的沟通媒体，身为企业的部门主管怎能不看报？这样一开脱，他的心也就放宽了。于是，他正襟危坐地准备埋头工作。

　　就在这个时候，电话铃响了，那是一位顾客的投诉电话。他连解释带赔罪地花了20分钟的时间才说服对方平息怒气。挂上了电话，他去了洗手间。在回办公室途中，他闻到咖啡的香味。原来另一部门的同事正在享受"上午茶"，邀他加入。他心里想，刚费心思处理了投诉电话，一时也进入不了状态，而且预算的草拟是一件颇费心思的工作，若头脑不清醒，则难以完成。于是，他毫不犹豫地应邀加入，便在那里前言不搭后语地聊了一阵子。

　　回到办公室后，他果然感到神采奕奕，满以为可以开始"正式工作了"——拟定预算。可是，一看表，已经10点45分了！距离11点的部门例会只剩下15分钟。他想，反正在这么短的时间内也不太适合做比较庞大耗时的工作，干脆把草拟预算的工作留到明天算了。

　　事实上，有拖延习惯的人会永远把该做的事情摆在那里，时间过去很久，却依然原地踏步，动也不动。要知道，原地踏步对你来说就是浪费时间。

　　年轻的你，在追求梦想途中，一样要预防或者克服拖延的坏习惯。唯有这样，你才不会因为拖延而白白浪费时间，丧失实现梦想的机会。

那么，究竟该怎么来预防和克服拖延的坏习惯呢？我建议你要做到以下两点：

一、制定明确目标。有人做事情时喜欢拖拖拉拉，就是因为没有认识清楚这件事情所带来的作用。在开始着手一件事情之前，你首先要明确为什么要做，做完后会有什么样的结果。这样，你就有足够的动力在相应时间内把事情做好。

二、巧妙利用时间。对于一项工作或任务，患有拖延症的人常常以"时间不足"，作为无法按时完成任务的借口。这样只会让你陷入恶性循环当中，而在这样的过程中，你的工作和学习效率会不断退化。所以，要制定好时间表，找出自己工作效率最好的时间段进行巧妙利用，有助于顺利摆脱拖延症。

制定明确目标和巧妙利用时间是拒绝拖延习惯的两大法宝。年轻的你，要彻底摆脱掉拖延习惯的困扰，顺利地将人生向前迈进，需要学会利用这两个法宝。

与其追求完美，你不如延展自己的优势

人生需要有梦想，更需要有实现梦想的方法。你尽管可以有你的完美主义态度，你也可以处处细心，把每一个细节都做到极致。这也确实是创业之人所必备的品质，但是人无完人，那么事情发展中，总会遇到这样那样的问题，会发现这种那种的瑕疵。所以与其追求完美，不如延展你的优势。

有一个想要创业的朋友曾经跟我交流，谈到自己即将创业的事。我听过后有一点淡淡的忧愁，总觉得他还是一腔热血像流水，完全不清楚自己擅长干什么，都快到不惑之年了，感觉到他还是没有找到他自己的优势。

人生需要有梦想，更需要有实现梦想的方法。你尽管可以有你的完美主义态度，你也可以处处细心，把每一个细节都做到极致。这也确实是创业之人所必备的品质，但是，人无完人，那么事情发展中，总会遇到这样那样的问题，会发现这种那种的瑕疵。所以与其追求完美，不如延展你的优势。

人类主要有三个核心，语言、工具、思想，这三者是使我们实现自己梦想的方法也即我们的优势。

每个人都不一样，而人之所以不一样，那是因为人们有不同的思维，富人养成了富人的思维，穷人固守穷人的思维。但最优秀、快乐和幸福的人都发挥了自己的优势，感觉不幸的人都在用自己的劣势，创业是这样，生活又何尝不是这样呢？

盲目模仿别人的优势，并不一定都是好事。因为你是你，你的天赋和自身特质与别人不一样，复制别人的成功，在你身上可能会"水土不服"。

邯郸学步的故事，想必都是知道的。有一个燕国人羡慕邯郸人的步法，于是便去观察和模仿邯郸人的走路方式。回家时，他因没学成邯郸人的走路姿势，又忘了自己先前的走法，只好爬着回去。这就是盲目模仿他人优势而遭人耻笑的典型。

事实上，每个人都有自己的优势，别人的优势可能你没有，别人的成功你也无法模仿和复制。我们能做的是，借鉴别人的优势，发挥自己的优势，让自己的优势更突出。

那么应该怎样发现自己的优势并让自己的优势更为突出呢？

发挥自己的长处才能找到优势，体现自我价值。

刘翔刚进入体坛，是因为学校推荐而进入了跳高而不是跨栏。刚开始，刘翔凭自己的刻苦努力，成绩突飞猛进，而一段时间后，无论刘翔怎么努力都难以进步。于是教练劝他改行练跨栏，刘翔经过思考发现自己有跨栏的优势，于是毅然改行，终于成为去奥运赛场上的"黄色闪电"。

刘翔成为"黄色闪电"的事实告诉我们在"山重水复疑无路"时，发现你的长处可能会"柳暗花明又一村"。

此外，发现自己的短处，也能找到优势，实现人生超越。

钱伟长高考时中文和历史考了满分，物理却只有5分，数学和化学一共才20分。是什么让他一夜之间决定弃文从理，因为他从收音机中听到，日本侵略中国，蒋介石不抵抗是认为中国必败，日本有飞机大炮而中国没有。所以，钱伟长决定改学物理，造飞机大炮。

钱伟长经过数十年的刻苦努力终于在物理领域有所建树。他的经历告诉我们：短处有时也可能变成长处，找到自己最短的那块木板，也能"长风破浪会有时，直挂云帆济沧海"，提升自己的水平。

发挥自己的优势去做事，更容易实现自己的目的，但怎样才能发挥自己的优势呢？要善于静下心来认真思考，自己童年时有什么特别的喜好，那些从小伴随自己的爱好就很可能发展成自己的优势；然后在现实的工作中，想一想自己最擅长做的是什么，工作中要学会扬长避短，把长处发挥到极致；再次想一想当你非常疲惫时，自己最喜欢什么。这三点结合起来思考，或许就是自己的优势。

花园里有一对邻居：玫瑰和不谢的花，它们总是互相赞赏。不谢的花说："我羡慕你的美丽与芬芳，你是上帝的宠儿，人类爱情的象征。"玫瑰回答说："我的荣华并不能长久，怎比你能永葆青春，花开不谢。你才是最令人羡慕的呢！"梅须逊雪三分白，雪却输梅一段香。世间万物就是这样，各有所短，各有所长。守住自己的才会成为最宝贵的财富。

"鹰击长空，鱼翔浅底，万类霜天竞自由"，顺应自然才能演绎出精彩人生。发挥自己的优势，才能实现人生的价值。年轻的你，在追求梦想的道路上，你时刻要记住，不要去盲目模仿别人，要用自己的优势去生活与工作！

不愿意分享的人，你永远无法借助他人的力量

当自己有所成就，获得劳动果实时，我们也要学着把成绩和果实分享给你身边的人。分享之后，你给别人带去了快乐和满足，与此同时，也会为自己留下无尽的财富与收获。

绚丽的花朵竞相开放，需要大家驻足停留，屏息凝望；和煦的日光挥洒下来，需要你我共同感受，一起分享；清秀的山水一望无垠，需要游人饱览畅谈，共同欣赏。当你遇见美好的事物时所要做的第一件事，就是把它分享给你周围的人。这样，美好的事物才能在这个世界上散播开来。

我们要学会与人分享。分享的不仅是一份愉悦，也可以是一丝愁绪、一种失意甚至是压抑在心底里的小秘密。当你遇到了什么难处，当你感受到了某些困境，当你心中有些难以言说的痛苦，不要一直藏在心中，找个机会与身边的朋友们倾诉，畅所欲言地发泄自己的感情，你的那些困境和苦痛，或许可以减轻不少。

当自己有所成就，获得劳动果实时，我们也要学着把成绩和果实分享给你身边的人。分享之后，你给别人带去了快乐和满足，与此同时，也会为自己留下无尽的财富与收获。"赠人玫瑰，手有余香。"说的就是这个道理。

有这样一则小故事：

在一个小山村里，每到冬天，村民们都会把树上的柿子摘下来，一个都不留。

有一年冬天，天特别冷，下了很大的雪，几百只找不到食物的喜鹊一夜之间都被冻死了。

第二年春天，柿子树重新吐绿发芽，开花结果了。但就在这时，一种不知名的毛毛虫泛滥成灾。柿子刚刚长到指甲大小，就都被毛毛虫吃光了。

那年秋天，这些果园没有收获到一个柿子。直到这时，人们才想起了那些喜鹊，如果有喜鹊在，就不会发生虫灾了。

从那以后，每年秋天收获柿子时，人们都会留下一些柿子，作为喜鹊过冬的食物。留在树上的柿子吸引了很多喜鹊到这里来度过冬天，喜鹊仿佛也会感恩，春天也不飞走，整天忙着捕捉果树上的虫子，从而保证了这一年柿子的丰收。

在枝顶留下果实，给喜鹊过冬食用，其实就是让别人也能分享自己收获的同时，更好地为来年的丰收做保障。

现实中类似的情况也不少。例如，有些老板，如果在某一年形势好，利润丰厚，就会在过年时，多给员工发一些奖金。在跟员工分享大家努力一年的劳动成果时，也让员工们安心工作，让他们明白也有他的一份功劳。这些分享的果实往往也是给自己留下的生机与希望。

年轻的你，应该从很小时就养成与人分享的习惯，并让这种习惯自然而然地融入自己的血液中去。因为，这样你会赢得不少的朋友，也会帮助你日后实现人生梦想。

这里有一个小故事，我想跟你分享一下。

曾经有一个小男孩，因为自私，所有好吃好玩的都自己一个人独享，慢慢地从来都不想着跟人分享。他没有一个朋友，他很苦恼。

外婆告诉他："让大家尝尝你的葡萄酒吧！你会找到朋友的。"

小男孩听了外婆的话，将整整一瓶酒分给了别人品尝。从此，小男孩再也不缺朋友了，因为此后的他总是将自己的快乐与他人一起分享。

这个小故事道理十分浅显，但它所表达的含义却是深刻隽永的，短短一则故事却揭示了"学会分享"这个永恒的主题。

想必现实生活中的你，也会有分享的美好体验，也深谙"独乐"不如"众乐"的道理。想必你也懂得，如果不与人分享，哪怕你得到了再大的喜悦和快乐，你也会感觉到一种无聊和无趣。毕竟，世界上最大的惩罚，就是取得了令自己兴奋的成绩或者有兴奋的心情却不能跟任何人说。

　　生活需要伴侣，快乐和痛苦都要有人分享。没有人分享的人生，无论面对的是快乐还是痛苦，都是一种惩罚。分享是一种生活的信念，明白了分享的同时，也就明白了生存的意义。年轻的朋友，学会分享吧，你将收获得更多。

抱怨是自寻烦恼，接受不完美才能处处完美

在你怒火中烧或者烦躁不堪的情况下，你不应该选择抱怨，而是应该另外找到方法来调节和宣泄。接受不完美并努力做出改变，一个有独立生活方式的人，一个有自我价值空间的人，在这个世界上是不会轻易抱怨的，因为他的快乐和骄傲都是不能由他人去剥夺的。

你愿意跟一个爱抱怨的人在一起吗？你不愿意。

你愿意被别人抱怨吗？你不愿意。

那你一定要远离抱怨，做个不抱怨的人。

或许你深有感受，在这个世界里，总会存在这样或者那样的垃圾情绪者让你烦。这些垃圾情绪者或许人并不坏，但他们几乎有一个共同的特质，那就是心态不太阳光，喜欢抱怨。

有些人早晨眼睛刚睁开就开始抱怨。天气晴朗，万里无云，他抱怨：怎么不下场雨呢？空气这么干燥？真的下起了雨，他抱怨：怎么下这么大的雨，这样的鬼天气干什么都不方

便。至于工作和生活，不顺心不随意的地方就更多了，他更是抱怨得没完没了。有人甚至将抱怨作为引起他人注意说服他们的沟通方式。殊不知，抱怨是积极心态的大敌。当你在抱怨时，或者处在抱怨的情绪当中时，你的能量在减少，你的信心在降低，你的身心都处在一个无力的状态。此时，你想做好一件事，是断然不可能的。

神经科学家对一些面临各种刺激，包括长时间爱发牢骚怨言的人，进行大脑活动分析后发现：大脑的工作方式就像肌肉一样，如果让它听到了太多负面信息，很可能导致当事者也会按照消极的方式行事。更糟糕的是，长时间暴露在抱怨环境中还会使人变得愚蠢和麻木。所以，抱怨对人们来说是有多么恐怖。

那么，究竟什么是抱怨？也有的人说它是一种宣泄，一种平衡，它能把觉得不如意的事情发泄出来。每个人都可能会面对很多不如意的事情，如果抱怨是一时的还可以接受，但抱怨有时候是会形成习惯的。关键是我们常常会给抱怨披上一层华丽的外衣。比如说，男人有时候用抱怨当名片，女人用抱怨当口红。

抱怨就是自寻不开心。首先抱怨会让你变得弱势。当你在抱怨时，你就是在表现自己的弱势和无能为力，希望得到别人的怜悯、同情和照顾，你越抱怨，自己的内心越感到虚弱。抱怨也是一种放弃自我成长的方式，推脱属于自己的责任，寻找借口，放弃自我反省、自我扬弃、自我提高与改善的机会。所以，经常抱怨的人永远不会强大。由于不做改变，安于现状，自己会变得越来越弱，想强大起来是天方夜谭。

大家都曾看过或者了解一部电视剧叫《贫嘴张大民的幸福生活》。张大民一位下岗工人，妈妈得了老年痴呆，妹妹得了白血病，弟兄几个争一间房，自己的小屋还长棵树……但是"贫嘴"两个字是他解构苦难的一种方式，他能调侃，不把这些事情当回事。事实上一件事情，你真不把它当回事时，它就真的没什么大不了的了。遇到不平衡，内心有愤怒，就得想，这件事情值得你花这么大的气力去计较吗？只有少一些抱怨，少一些斤斤计较，生活才能有更多的欢乐和幸福。

当然，这取决于一个人的境界，取决于你的生活是大是小。也就是说，抱怨可能是暂时的缓解，但是"抱怨"会在"接受"之前拦起了一道屏障，而不"接受"是无法去"改变"的。

因此，在追求梦想的道路上，你要远离爱抱怨的人，还要明白不抱怨对你的好处，要学会理解他人、谅解他人、感激他人。

请看下面这个故事！

有一对弟兄俩，两个人都是做手工陶艺的。他们每年都会将100多个手工的陶罐，绘上精美的釉彩，做成美轮美奂的艺术品，漂洋过海用船运到一个海滨城市，换来一年的口粮，回到小镇上生活。

这一年，弟兄俩又出海了，快到岸边时，海上起了狂风，恶浪滔天，他们挣扎着靠了岸。没想到100多个罐子打得稀烂，成为一堆瓦砾。哥哥号啕大哭：我们一年的口粮钱怎么办？在哥哥哭泣时，弟弟一言不发地上岸考察，发现那个城市比想象的还要发达，房地产业蒸蒸日上，家家户户都买新房忙装修呢！

弟弟转身拎了把大锤，把烂罐子砸得粉碎，对哥哥说：咱不卖罐子了，改卖马赛克。

最后，他们的一船不规则图案的大大小小的瓷片，在集市上都抢疯了，比卖罐子的利润还高出很多。

以上故事告诉我们：在遭遇到不测时不要一味抱怨，事情已经发生，要学会正视它、接受它、改变它，才能摆脱困境的束缚。学会解决问题，不要抱怨问题。

在你怒火中烧或者烦躁不堪的情况下，你不应该选择抱怨，而是应该另外找到方法来调节和宣泄。接受不完美并努力做出改变，一个有独立生活方式的人，一个有自我价值空间的人，在这个世界上是不会轻易抱怨的，因为他的快乐和骄傲都是不能由他人去剥夺的。

你不想羡慕别人一辈子，就果断地告别胆怯

别人的人生在不停地改变着，变得越来越好，越来越美。而多少年过去了，你却依然还是往年的那个你自己，不仅丝毫没有任何的改变，而且人生似乎还在往后倒退。这其中主要的原因就在于，别人勇敢，敢于去追寻自己想要的生活；而你却躲在原地，像受了伤的刺猬，不敢为梦想迈开脚步。

你羡慕别人的好生活，却又害怕付出辛苦，害怕自己坚持不了，害怕这个又害怕那个，不敢跨出第一步。你羡慕别人创业成功风光无限，却又担心创业的风险，于是还是一直老老实实地给别人打工；你羡慕别人和心爱的人爱得甜蜜，而自己面对心爱之人时却一直畏畏缩缩不敢前行；你羡慕别人敢辞掉不喜欢的工作，去追求自由快乐的生活，而你却又害怕万一没了工作，以后的生活该怎么继续维持……

所以，别人的人生在不停地改变着，变得越来越好，越来越美。而多少年过去了，你却依然还是往年的那个你自己，不

仅丝毫没有任何的改变，而且人生似乎还在往后倒退。这其中主要的原因就在于，别人勇敢，敢于去追寻自己想要的生活；而你却躲在原地，像受了伤的刺猬，不敢为梦想迈开脚步。

所谓勇敢，就是敢于依循自己的内心，而不是轻易接受别人的指示，接受环境的压迫，或者是接受命运的安排。而是要有自己独立的思考，在不合理的事情前面敢于说不，在内心不能接受的情况下，敢于去拒绝。

有一个这样的故事，说的是公司老板要招聘员工，有三个人同时应聘。

老板对第一位说："楼道有个玻璃窗，你用拳头把它击碎。"应聘者执行了，幸亏那不是一块真玻璃，不然他的手就会严重受伤。

老板又对第二位说："这里有一桶脏水，你把它泼到清洁工身上去。她此刻正在楼道拐角处那个小屋里休息。你不要说话，推开门泼到她身上就是了。"

这位应聘者提着脏水出去，找到那间小屋，推开门，果见一位女清洁工坐在那里。他也不说话，把脏水泼在她头上，回头就走，向老板交差。

老板此时告诉他坐在那里的不过是个蜡像。

老板最后对第三位说："大厅里坐着个胖子，你去狠狠击他两拳。"

这位应聘者说："对不起，我没有理由去击他；即便有理由，我也不能用击打的方法。我因此可能不会被您录用，但我也不执行您这样的命令。"

此时，老板宣布，第三位应聘者被聘用。

毫无疑问，第三位应聘者是一个理性的人。他有勇气不执行上司荒唐的命令。所以，勇敢并不是鲁莽，勇敢也是一种理性。认真独立地思索，对不合理的情况说不，你会成为一个真正勇敢的人。

每个人都会有缺陷，有些人之所以胆怯是因为不敢面对自己的缺陷，怕自己的缺陷被别人知道之后，就会遭来歧视。其实告别胆怯，还需要我们敢于面对自己的缺陷。

罗斯福就是一个有缺陷的人，小时候他一直是一个脆弱胆小的学生。如果被老师叫起来背诵，立即会双腿发抖，嘴唇也颤动不已。他很敏感，常会回避同学间的任何活动，不喜欢交朋友。然而，缺陷促使他更加努力奋斗。他没有因为同伴对他的嘲笑而减低勇气。没有一个人能比罗斯福更了解自己，他清楚自己身体上的种种缺陷。他从来不欺骗自己，认为自己是勇敢、强壮或好看的。他用行动来证明自己可以克服先天的障碍而得到成功。

凡是他能克服的缺点他便勇敢克服，不能克服的他便加以利用。由于罗斯福没有在缺陷面前退缩和消沉，而是勇敢并且充分、全面地认识自己，在意识到自我缺陷的同时，能正确地评价自己，在顽强之中勇于抗争。不因缺憾而气馁，甚至将它加以利用，变为资本，变为扶梯而登上荣誉巅峰。

没有任何事是一定能成功的，没有任何付出是一定有收获的，同样，也没有谁一定能成功，没有谁一定成功不了。因此，年轻的你，要追求成功，首先要有勇气和有足够的魄力，不要患得患失，不要想着失败后怎么办，而应该要勇往直前，全力以赴，去将事情做得最好，让自己更优秀。

临渊羡鱼不如退而结网。如果你不想羡慕别人的美好生活，那就果断告别胆怯，迈出追求自己梦想的步伐。不要怕，怕，你就输掉一辈子，不怕，你就能踏上追求梦想的道路，有实现梦想的可能。因为，对每个人来说，遇事胆怯都是致命的弱点，都是使之无能的关键因素。

心中有怕，你将逼不出一个优秀的自己

千万不要被恐惧心理所吓倒，所控制，要及时想办法屏蔽恐惧心理，勇于战胜自己，借此机会逼出一个优秀的自己。唯有这样，你将会越来越强大，而恐惧心理也会变得越来越小。

当然，因为胆怯，没勇气去追求梦想，去克服自身的不足，这是你需要克服的一方面，更重要的是，年轻的你在遇到困难时不要怕，克服困难，将困难转化成提升自己能力和走向成功的机遇。这是你做最优秀的自己最关键、最重要的一点。

人总是会有恐惧的心理，尤其是在面对困难时。当你面对前面是万丈深渊，后面是地雷阵时，你的表情一定是惊魂未定，你不知道你究竟该何去何从。但是，这样的情景正是考验一个人的关键时刻，真正优秀的人，是会有能力自然克服心中恐惧的，是能从困难中找到提升自己能力的机会的。

在日常生活中，每个人都可能有或多或少的恐惧心理。因

为，在这个物欲横流的年代，恐惧已经在人们的日常生活中根深蒂固，严重侵害着人们脆弱的心理，给人们带来的危害甚至不可预知。只不过，恐惧心理在每个人身边表现得或多或少，或隐或显。

恐惧心理会导致工作效率下降，无常的担忧可能仅仅集中于个别症状，如心慌或感觉要晕倒，也常伴有继发性恐惧，如害怕自我失控、会死或会发疯。明知别人在同样情境不会感到危险或威胁，但不能减轻其焦虑。还常常导致注意力不集中、理解能力下降、学习效率降低，从而影响人的工作状态，甚至产生自卑情绪。心中有怕，还会让你在与人交往的过程中，出现紧张和害怕感，不敢与人交谈，甚至对视，甚至会出现头痛、头晕、心烦、恐慌等症状表现，有时还会伴有恶心和呕吐。

年轻的你，在追求实现梦想的道路上，偶尔出现恐惧心理，也是非常正常的事情。但是，你千万不要被恐惧心理所吓倒，所控制，要及时想办法屏蔽恐惧心理，勇于战胜自己，借此机会逼出一个优秀的自己。唯有这样，你将会越来越强大，而恐惧心理也会变得越来越小。

世界上没有十全十美的人，也就是说每个人都有不足之处。因此，你既不要无限夸大别人的优点，也不要随意扩大自己的缺点。其实，你在别人的眼中也是非常不错的，只要我们积极与他人结交，那么你也是其中非常优秀的一员。遇到困难时，别人不怕，你也没必要恐惧。

除去恐惧心理，借此机会逼出一个优秀的自己，我建议你要注意以下几点。

承认和允许自己的缺点存在。"人无完人，金无足赤"，正因为人类个体存在着不同的缺点，所以才有人类社会的五光十色。所以，你要允许自己有缺点，不要过分追求完美，要学会坦然地说"我错了""这一点我不如你"；在遇到困难时，你要想到"一时做不好也正常"，不要盲目自责"我好无用"，更不要就此怀疑自己的能力。只有做到了这一点，我们才可以随心所欲、自由自在、轻松而自如地拥有和享受生活，我们才能在遇到困难时正确面对，及时调整自己，然后继续努力去解决问题，再次去争取成功。

牢固地树立起坚定的信念：我是有自己独特的个性的，在这个世界上，没有跟我完全相同的第二个人。天生我材必有用，我的存在一定会有价值，我也一定能够找到自己存在的价值，因为我是独一无二的！要相信自己的能力，学会在各种活动中自我提示：我并非弱者，我并不比别人差，别人能做到的我经过努力也能做到。认准了的事就要坚持干下去，争取成功；不断的成功又能使你看到自己的力量，变自卑为自信。在任何情况下，你都会对自己说：我能干好。尤其是在遇到困难时，坚定的信念是你战胜困难、解决问题最关键的因素。当然，在日常工作和生活中，你也受益颇多，会有自尊、愉快、好胜等良好的心态，从而能更好顺利地取得成绩。

要积极参加集体活动，特别是参加有许多人一起参与的文体活动。这样，一方面可以让自己枯燥的日常生活变得丰富多彩，更重要的是让自己通过与他人的自然接触而缓减自我感觉被他人关注的焦虑和紧张，进而达到顺其自然与他人接触的目的。

千万不要害怕让别人失望。在任何时候，任何情况下，你都不可能满足每一个人的愿望。只要你尽到了自己最大的努力，只要你在朝着实现自己的梦想努力，那么就不必介意别人怎么想、怎么看。你要深信，只要你做到不患得患失，放开对自己过分的要求，对成功太过的在意，那么成功也就会逐渐走向你而与你相拥。

年轻的你，初生牛犊不怕虎的勇气是你最大的资本。在任何时候，尤其是在遇到困难的时候，你要对自己有自信心，要用内心的语言激励自己："我很棒""我表现得很好""人们都很喜欢我""只要我努力，我一定会创造奇迹"……当你拥有足够的自信时，你内心的恐惧也就会自然而然地消失掉了，你也就在不知不觉中成为一个更加优秀的自己。

恐惧是潜藏在心里的魔鬼，趁你不注意时就偷偷上场，总能让你对这个世界充满恐惧之情。我们常常说要战胜自己，就是要战胜这只住在人们心里的恐惧魔鬼。只要战胜了魔鬼，我们便会迎来崭新世界。

第七章
要按所想的去生活，你唯有奋斗再奋斗

越努力越幸运。唯有努力方得机遇，唯有努力方能成功。年轻的你，圆梦取决于你的行动，你今天的奋斗正创造着你美好的未来，舍得让自己吃苦，才能过上理想的生活。真正努力奋斗过，你才配得到上天的奖赏，才能水到渠成地过上你所想的生活。

期待的生活不会因为你有梦想就自动实现

每一个人都应该明白所有梦想的实现都需要努力，然而，很多人之所以没有实现心中的梦想，就在于多了空想和犹豫，少了努力和坚持。每个人都想成功，但并不是每个人都可以成功。人生的道路上有许多艰难险阻，只有努力坚持、创造机会，才可能成功。

有这样一个故事：

一个小男孩，偶尔看到一个人吹口琴，觉得那声音真是好听极了，于是也想买一个学着吹。

以前那时候，一个口琴需要3块多钱。这笔钱在当时的农村人看来，算得上一笔大开销。他是不可能找父母要到这3块多钱的。要实现拥有一个口琴的梦想，他知道光在那边空想是没有任何用的，他只有靠自己把那3块多钱挣出来。

他生活的地方山多，柴也多。虽然那时候还在读小学，但他知道打100斤柴去卖可以换回8角钱。一个口琴等于500斤柴，这个账他是算得过来的。他那时候一次只能挑五六十斤柴去卖，但积少可以成多。在卖了 500 斤柴之后，他最终把口琴买回来了——他用实际行动得到了期待的东西。

几年之后，他又有了想买一个收音机的梦想。但是，当时最便宜的收音机也要 27 块钱。那时，100 斤柴已经能卖 1 块钱了。这个账好算，打 2700 斤柴卖掉，就能把收音机买回来。有了收音机，他的视野和知识面，就连许多大人也没法跟他比了。

几年之后，他又产生了想买一把小提琴的梦想。他到县城的商店里去看过，一把小提琴的价钱是 80 元。那时 100 斤柴，已经可以卖到 1 块 3 角钱了。他打了 6000 多斤柴卖掉，买小提琴的梦想也实现了。

这个小男孩就是后来的著名作家、书法家和摄影家雪雁鸣。他没有成为一个口琴演奏家，也没有成为一个小提琴演奏家，当然，听收音机也不可能让他成为一个听收音机的专家。

但通过打柴买回口琴、收音机、小提琴的经历，却让他得出了这样一个结论：再大的梦想，光靠空想是实现不了的，一定要依靠现实里的努力来获得。

年轻的你，有一颗强烈追求成功的心。但是，对你来说，成功是什么？成功就是实现你所期待的生活。实现期待的生活需要什么呢？大家都知道要获得成功一定要有梦想，但是光有梦想是远远不够的，我们还需要有行动、有方法、有机会、有坚持、有规划、有知识、有信念，并把这些杂糅之后融入现实的行动中去，才有可能获得成功。

这些年来，大学生就业困难已成为一个社会化问题。很多大学生对自我的评价和估量普遍偏高。有的人对未来的职业生涯有着宏大的规划，但却忽视了社会现实，也忘记了勤奋和脚踏实地才是成功的基础。殊不知，成就一番事业需要资金，但更需要丰厚的经验和能力。只有梦想而不采取行动，梦想就变成了空想。而光有空想是绝对不行的，大学生们应该不断正视自己，面对现实，既要敢于仰望星空，也要能够脚踏实地。

小豪是一名大专毕业生，因为学的是房地产经济学专业，整天向往能成为赚大钱的开发商和中介公司，每天幻想着自己做老板的场景。但是，毕业之后，小豪觉得是家庭不富裕的原因使他无法实现自己做老板的梦想，就每天在家玩网络游戏。父母多次劝阻都没有任何效果，反被小豪质问他们不能给他一个富裕的生活。

虽然他读的是房地产专业，一心想成为大老板，希望以后能拥有自己的公司，赚大钱，但是关于房地产的问题，比方说，如何筹集资金，如何投标，如何找施工单位，如何检验房屋的质量，如何销售，等等。小豪虽然学的是房地产专业，但却支支吾吾回答不出这些问题。

这样光有当大老板的念想，却对于事情一无所知，也不付出任何努力，怎么可能获得成功、实现梦想呢？

　　后来，小豪开始制订职业计划：首先找一个房地产公司或中介公司上班，从基层做起。上班时可以了解房地产公司或中介公司的运营情况以及一些房地产、中介公司的相关专业知识，利用业余时间去参加一些相关专业培训，提升自己的专业能力。相信未来，他即使不一定能成为大老板，但一定会做出一番事业，不再让父母为他担忧。

　　人生亦是如此。天下事有难易乎？为之，则难者亦易矣；不为，则易者亦难矣。世间最难的道理和智慧往往总是最简单的，努力然后获得，努力才能收获。每一个人都应该明白所有梦想的实现都需要努力，然而，很多人之所以没有实现心中的梦想，就在于多了空想和犹豫，少了努力和坚持。每个人都想成功，但并不是每个人都可以成功。人生的道路上有许多艰难险阻，只有努力坚持、创造机会，才可能成功。

成功开始于你的想法，圆梦取决于你的行动

没有思考的行动是鲁莽的冒险，但却有希望走到最后——结局多为惨淡的；而没有行动的思考却是纯粹的虚度，只是一直停留在起点——结局只能是白日梦。因此，只有将思考和行动完美结合，你才能够获得成功，实现梦想。

一个人若是没有自己的想法，哪怕他付出再多的行动，都可能沦为一个劳动的工具，不可能去拥有和获得真正的成功；而一个人有非常棒的想法，大家也都非常欣赏他的想法，但他丝毫没有通过实践去"为行动埋单"，那么他的梦想也永远只是一场梦而已。所以，年轻的你一定要明白：成功始于你的想法，圆梦取决于你的行动。

思想成熟的人，需要更多的行动力，或者说需要一个行动力很强的对象去实践他的思想，让他优秀的思想得到检验，并进一步发展创新。没有思考的行动是鲁莽的冒险，但却有希望走到最后——结局多为惨淡的；而没有行动的思考却是纯粹的

虚度，只是一直停留在起点——结局只能是白日梦。因此，只有将思考和行动完美结合，你才能够获得成功，实现梦想。

比尔·盖茨在哈佛读大学时"不务正业"，但他认识到了一直锁在这个地方学习不知何时才能出人头地，才能给自己的头脑挥舞的空间。于是，他找到了和他一起攻学的朋友科莱特。他告诉了科莱特自己的想法。不过，科莱特却认为自己学的知识还太少，还缺少许多抓住机会的条件。于是，他委婉地回绝了"不务正业"的"红头发"的邀请。之后，当科莱特认为自己已具备了足够学识，可以去研究和开发自己的梦想时，比尔·盖茨已登上了世界首富的宝座。

比尔·盖茨和科莱特的根本区别，就在于盖茨总是试图用行动赶在思考的前面，而科莱特则总是行动跟在思考后面。这一前一后，结局自然大不相同。大部分成功人士的一生只是用了30%的时间在思考，而大部分时间都在行动，在迸发，在实现自己的灵感。

你想一想：如果爱迪生只是将自己的发明寄予纸上，而不是用双手在一次次失败中探索，那么我们过多少年才能徘徊在灯光下；如果贝多芬只是将灵感搬到乐谱上，而不是突破自己去一次次尝试，那么人类要过多少年才能寻找出这股黑白键间撞击的旋律；在一次次的灾难面前，如果每个领导者只是在背后为大家鼓舞，而不是和大家一起抗战，那么我们也许永远都感受不到那种动人的力量了……

　　如今是互联网时代。很多互联网产品就要赶着时机尽快推出，抢占先机。如果你一定要把想法想得特别完美之后才去开始实践，那么你就会被时代所抛弃。相反，你将会获得先机。

　　年轻的你，在追求梦想时，心里一定要明白：思想是思想，行动是行动，如果只有思想不去行动是不行的；如果只去行动而没有思想也是不行的。只有思想和行动加起来，融为一体，才会获得成功。一旦你有了想法，你就应该立即行动，去实现或者实践自己的想法。

你今天的奋斗正在创造着你美好的未来

你今天的奋斗，并不一定会在今天为你摘得胜利的果实，甚至在相当长的一段时间内都不会有任何的成果显示。但你今天奋斗过，就会留下奋斗的印记，你的奋斗是不会"亏待"你的，在未来的某一天，它们会给你巨大的"回报"。慢慢你会发现你所有美好的未来，都是源自你今天不懈的奋斗。

有一句话是这么说的："比你拼命的人多得是，最可怕的是比你强的人比你还拼命。"而事实也正是如此。越是厉害的人物，越有勇敢拼搏的精神。而越是平庸的人，却在现实生活中浪费时间，显得终日无所事事。

你今天的奋斗，并不一定会在今天为你摘得胜利的果实，甚至在相当长的一段时间内都不会有任何的成果显示。但你今天奋斗过，就会留下奋斗的印记，你的奋斗是不会"亏待"你的，在未来的某一天，它们会给你巨大的"回报"。慢慢你会发现你所有美好的未来，都是源自你今天不懈的奋斗。

法国科学幻想小说家儒勒·凡尔纳是一位了不起的作家。但是，也许没有人能够想象到，为了写作《月球探险记》，他竟然认真阅读了500多种图书资料。他一生之中共创作了104部科幻小说。而他的读书笔记多达2500本。

美国作家杰克·伦敦的房间里，不论是窗帘上、衣架上、橱柜上、床头上、镜子上，到处都挂着一串串小纸片，走近一看，原来纸片上都写着美妙的词语、生动的比喻和有用的资料。他把纸片挂在房间的各个部位。是为了在睡觉、穿衣、刮脸、踱步时，随时随地都能看到，都能记诵。外出时，他也在衣袋里装着不少纸片。他这样刻苦学习，积累资料，终于写出了《热爱生命》、《铁蹄》、《海狼》等引人入胜的作品。

你以为作家都是这么好当的吗？你只是看到了作家们表面的风光和骄傲，却没有发现他们背后的那些不为人知的奋斗经历。

人最大的敌人是自己，最难战胜的也是自己，控制自己的物质欲望有利于磨炼自己的意志。企业家如果光会享乐，早上围着车子转，中午围着盘子转，晚上围着裙子转，那么企业家就不能成为企业家，是败家。所有企业家都是不懈奋斗之后，才无愧于自己企业家称号的。

浙江万向集团董事局主席兼党委书记鲁冠球的创业经历足以诠释"你今天的奋斗正在创造着你的未来"。

鲁冠球出生在浙江省萧山市（今萧山区）宁围镇，小时候日子过得很艰难。15 岁辍学后，被介绍到萧山县（以前的称谓）铁业社当了个打铁的小学徒。但三年后，由于铁业社精减人员，他被辞退回农村。不服输的鲁冠球决定创业，当时他对设备很感兴趣，便筹钱购买设备，开办了一个没敢挂牌子的米面加工厂。后来因为禁止私人经营，加工厂又被迫关闭，为了偿还债务，鲁冠球不得不将家里三间老房子变卖。

　　虽然受到打击，鲁冠球并未放弃。由于"停产闹革命"，当时人们连铁锹、镰刀都买不到，自行车也没有地方修。在经过 15 次申请之后，鲁冠球开办了一个铁匠铺，很快生意红火起来。到了 1969 年，由于政府要求每个城镇都要有农机修理厂，富有经验且有些名气的鲁冠球，被公社邀请去接管已经破败的宁围公社农机修配厂。其间除了管理农机修配厂，只要能赚钱、做得了的营生，鲁冠球都做了尝试。之后 10 年间，靠作坊式生产出的犁刀、铁耙等五花八门的产品，鲁冠球艰难地完成了最初的原始积累。1978 年春，鲁冠球的工厂门口已挂上了宁围农机厂、宁围轴承厂等多块牌子，员工也达到了 300 多人。由于看到中国汽车市场开始起步，鲁冠球调整公司战略，集中力量生产专业化汽车万向节。渐渐地，鲁冠球成为最默默无闻的大赢家，打出了自己和企业的名气。

　　这个世界，没有谁会随随便便成功，所有成功都需要长时期付出，每一个人成功都是其长期奋斗的结果。年轻的你，要给自己未来一个美好的期许，要给自己人生一个完美的交代，就要从此时此刻开始，就去努力奋斗，用自己的脚步去追寻自己的梦想——你每一天的奋斗都在创造着属于你的未来。

因此，你从现在开始，就要抛弃一切走捷径的幻想，要将自己的精力毫无保留地投入到奋斗当中去，用自己的行动去实现自己的梦想。

舍得让自己吃苦，你才能过上理想的生活

　　每个人走向社会时，都会有一种理想和憧憬，希望在社会上能够有所作为。但是，为什么这些理想在现实中会破灭？一个重要原因就是我们不能吃苦，恒心不够，也耐不住寂寞，经受不住失败。而事实上，真正获得巨大成就的人，过上理想生活的人，都是极端能吃苦的人。

　　有这样一个寓言故事：

　　在一座佛寺里供着一个花岗岩雕刻的非常精致的佛像，每天都有很多人来到佛像前膜拜。而通往这座佛像的台阶，也是由跟它采自同一座山的花岗岩砌成的。

　　终于有一天，那些台阶不服气了。它们对那个佛像提出抗议，说："你看，我们本是兄弟，来自于同一座山，凭什么人们都踩着我们去膜拜你啊？你有什么了不起啊？"

　　那个佛像淡淡地对它们说："因为你们只经过四刀都走上了今天的这个岗位，而我是经过千辛万苦才得以成佛！"

当然，现实中台阶和佛像都根本不可能开口说话，也根本不可能真正发生这样的事。但是，这个寓言故事的寓意却是丰富而又深刻的："千辛万苦才得以成佛。"这是多么不容易的事啊。你看得到别人表面的风光，却一定没看到他们背后的艰辛付出。

　　有句特别古老的话："吃得苦中苦，方为人上人。"任何理想生活的获得，都是在背后吃了很多别人吃不了的苦。所以，你千万不要随意地去羡慕那些享福之人，他们并不是天生命好，而是付出的比你多得多。

　　每个人走向社会时，都会有一种理想和憧憬，希望在社会上能够有所作为。但是，为什么这些理想在现实中会破灭？一个重要原因就是我们不能吃苦，恒心不够，也耐不住寂寞，经受不住失败。而事实上，真正获得巨大成就的人，过上理想生活的人，都是极端能吃苦的人。

　　俞敏洪与李彦宏是北大校友。一个是新东方学校的创始人，一个是百度公司的创始人。有很多人问俞敏洪和李彦宏："你是不是上学时特别聪明？"李彦宏回答："我在北大时，甚至在高考时，一直都没有进过前五名。"俞敏洪就更不用说了，高考一连考了三次才最终勉强进的北大，李彦宏稍微厉害一些，但也绝不是天赋异于常人。所以，他们都是平凡普通之人。

那么，他们为何可以在各自不同的领域成为行业的佼佼者呢？通过俞敏洪和李彦宏两人事业成功来分析，得出结论：好多名校很多相对比较笨的人，后来做事情成功的可能性反而更大。这些笨人只能拼命地学，学到最后他们的韧劲就出来了，吃苦就变成一种习惯。

　　当一个人能吃苦，把吃苦当作一种生活的习惯，甚至还可能变成一种人生的享受时，这个人的人生境界一定远远超出了常人，哪怕再如何笨拙，也可以靠着吃苦的劲来弥补。所谓"勤能补拙是良训，一分辛苦一分才"，其实说的就是这个简单而深刻的道理。

　　年轻的你，从小长在相对优裕的环境里，对吃苦感觉比较陌生，也不太愿意去吃苦。这是你追求梦想的短板，不经一番冰霜苦，哪得梅花放清香？你要过上理想的生活，你就必须要去奋斗，你要去奋斗就免不了要吃苦，就必须要舍得让自己吃苦。对此，你要时刻记住孟子的话："故天将降大任于斯人也，必先苦其心志，劳其筋骨，饿其体肤，空乏其身，行拂乱其所为，所以动心忍性，增益其所不能。"唯有如此，你才能理解吃苦的意义，你才舍得让自己吃苦。

你的奋斗是唯一能让你站稳脚跟的依靠

世界上谁都不能例外。哪怕你再有显赫的背景，或者是美丽的容貌，或者其他先天带来的优势。如果你离开你的奋斗，你照样会变得一无是处，你一样没有拥有自己的身份和地位，没法真正得到别人的欣赏与认同。

如果你是一棵树，要在狂风来临时不被吹走，你没法依靠外界的房子或者电线杆来帮你渡过难关。唯一可以的是，在你小时就深深扎根吸收养分，努力茁壮成长为枝繁叶茂的参天大树；如果你是一只小鸟，要在冬天来临之前，顺利地飞越那片辽阔的长江去到温暖的南方过冬，没有谁会背着你一路前行。唯一可以的是，在你平常时努力去丰满你的羽翼，让你的翅膀拥有足够强大的力量，帮助你飞越千山万水。

我要告诉年轻的你，我们人类也是这样的。你的父母可以给你提供最好的生活保障，但他们并不能帮你到老，他们终会有离开你的那一天；你的朋友们可以在关键时给你提供物质和精神的援助，但他们也有他们自己地生活，你不可能依靠他们来过你的生活。

唯一能够让你在一座城市站稳脚跟，可以衣食无忧的生活，可以幸福美满地度日的依靠，就是你的奋斗。进而言之，你为你自己画下的宏图，你为你自己定下的目标，还有你为你的宏图和目标没日没夜付出的所有汗水和辛劳，才可以成为你真正的依靠。

世界上谁都不能例外。哪怕你再有显赫的背景，或者是美丽的容貌，或者其他先天带来的优势。如果你离开你的奋斗，你照样会变得一无是处，你一样没有拥有自己的身份和地位，没法真正得到别人的欣赏与认同。

也许没有人真正统计过，贝克汉姆在球场上到底吸引过多少人的目光？每当这位世界顶级球星的身影出现在球场，无数的尖叫声立刻响遍全场，相机快门也闪个不停。贝克汉姆从3岁就开始踢球，尽管那时还是"玩"球多于"练"球，但父亲一直苦心培训他，顽皮的他渐渐奠定了对足球事业的热爱。上小学时，贝克汉姆跟父亲之间甚至还约定了一个常规"赌局"：如果他能站在禁区边不助跑射门，每次把球踢中门柱，就能从父亲那儿赚到50个便士。总是赢到零花钱的贝克汉姆很开心，直到长大成人后他才明白了父亲的良苦用心。父亲的用意，不就是让他通过自身的奋斗来赢得他所想要的胜利吗？

贝克汉姆也的确用他的亲身经历来实践了"奋斗"的过程。

名人如此，现实世界中的普通人更是如此，只有不懈奋斗，才能让你最终真正站稳脚跟。彼德是成都为人津津乐道的传奇。原名罗宗华的他，原是四川地道的农村小伙子，半句英语也不会，在他的字典里，根本没有"西餐"这个词。然而，短短10年间，他居然脱胎换骨变成了另一个人，说得一口流畅的美式英语，名气已是响当当了。这么大的人生转变，靠的就是他的不懈奋斗。

彼德出生于四川资阳。他的父母日夜劳作，却还是村里的穷户。他读到初一便辍学了，很想脱离贫穷的困境，16岁那年他决定离开农村，到城里去谋生。这个土里土气的小伙子的第一份工作是到一家小餐馆洗碗，从早上7点开始把手浸在洗碗水里，一直做到半夜12点才休息。

后来，他跳槽到一家小西餐馆去当厨工，他毛遂自荐表示他可以不要工资在餐馆免费打工，只要餐馆让他学习厨艺培训。足足学了3个月，彼德不但掌握了许多烹饪原理和方法，原本一窍不通的英文也大有进步。每次去上课，他总抱着一部厚厚的字典，把菜谱上的英文字一个一个地翻译出来，猛学苦记，回家后再细细消化。

后来，他又去了一家烹饪专科学校，系统地学习了西餐的烹制技巧。很快第一个梦想实现了。他拿出全部积蓄，加上朋友的投资，在成都开设了第一家充满南美风情的西餐馆。

年轻的你，想实现自己的梦想，想让自己变得优秀起来。这不是单凭满腔热情就能实现的，需要你的努力，需要你坚持奋斗下去。因此，请把努力奋斗当作你终生遵守的座右铭。奋斗是件很具体的事。你实实在在地去做能做的事，走好脚下的这一步，才有往更高处走的可能，才能最终站稳脚跟。

奋斗过的人才配得上上天给的奖赏

事实上，你眼中那些看似幸运的人是真正奋斗过之后才过上了自己想要和别人羡慕的生活的，他们配得上上天给他们的奖赏。你若想同样也得到上天的奖赏，也必须认真地为你的人生奋斗。

这个世界上，总有一些看似幸运的人：他们得到了上天更好的奖赏，他们创造出的成就明显比别人高出一截，他们拥有的生活也明显比别人要更快乐与幸福。但是，就像一句俗语说的："你看到了贼吃肉，没见到贼挨打。"你看到了上天给他们的奖赏，却没看到他们日日夜夜奋斗的日子。事实上，他们是真正奋斗过之后，才过上了自己想要和别人羡慕的生活的，他们配得上上天给他们的奖赏。你若想同样也得到上天的奖赏，也必须认真地为你的人生奋斗。

有一本科普类畅销书叫《昆虫记》，或许你看过。但你知道吗？《昆虫记》是"昆虫世界的荷马"法布尔长期努力奋斗，上天给他的奖赏。

为什么这样说呢？我们看一下法布尔一生努力奋斗的事迹就会知道答案。

法布尔1823年出生于法国南方一个叫圣雷昂的村子里。由于父母都是农民，法布尔的青少年时期是在贫困和艰难中度过的。不过，他从小就开始奋斗改变命运，学习非常刻苦，拉丁文和希腊文学得相当好。这为以后的写作打下了坚实基础。

为了谋生，法布尔14岁时就不得不去挣钱养活自己。他在铁路上做苦工，在市集上卖过柠檬，经常在露天过夜，日子过得十分清苦。然而，虽身处困境，法布尔却没有放弃对知识的追求，从未中断过自学，一直在为自己的梦想而努力奋斗着。

上天喜欢奖赏努力奋斗的人。法布尔考上了亚威农师范学校，并获得了奖学金。毕业后，他一边工作，一边自学，先后拿到了数学、物理等学科的学士学位。他认为，学习这件事不在乎有没有人教你，最重要的是在于你自己，有没有悟性和恒心。正因为这样，法布尔在对自己感兴趣的昆虫领域更加努力奋斗了。他经常带领、指导学生去观察与研究昆虫，自己也数十年如一日，头顶烈日，冒着寒风，起早熬夜，放大镜和笔记本从不离手，去观察和研究昆虫。

此外，他还在文学领域努力奋斗着。法布尔有很高的文学造诣，深受文艺复兴时代作家，尤其是拉伯雷的影响。所写的《昆虫记》取得了巨大的艺术成就，让广大读者所惊讶。当时，法国浪漫主义诗人夏多布里昂开创了文学领域中描述海洋、山峦、森林等巨型景物的先河，法布尔则用朴实、清新的笔调，栩栩如生地记录了昆虫世界中，各种各样小生命的食性、喜好、生存技巧、天敌、蜕变、繁殖等，对昆虫的描述既充满童心又富有诗意和幽默感，将昆虫与文学艺术首次巧妙结合起来。

由于将昆虫学和文学的完美结合，法布尔笔下的《昆虫记》一出版就深受广大青少年的热爱。目前，这本书已被译成13种文字，一百多年来，激发了几代青少年对自然科学、生物学的兴趣。

法布尔晚年时，法国文学界多次向诺贝尔文学奖评委推荐他，但因为《昆虫记》是文学和昆虫学结合的科普读物，未能获得诺贝尔文学奖。为此，许多人或在报刊发表文章或写信给法布尔，为他抱不平。由此可见，法布尔取得的成功是巨大的。

年轻的你走上社会，去追求自己的理想，去实现自己的梦想，能像法布尔做出这样的成就当然是求之不得的。但是，要告诉你的是，请先不要羡慕其成就，而应该学习其为梦想奋斗的精神，像他一样不懈地顽强地为自己的人生奋斗。因为，上天对每个奋斗的人都是公平的。奋斗过后，你才配得到上天的奖赏。上天也会给你相应的奖赏。

你必须真正努力，才能过上想要的生活

你的生活，和别人看你的生活，是否是一样的；那些所谓的努力时光，是真的头脑风暴了，还是只是看起来很努力而已，只有自己心里其实最清楚。让自己真的努力起来，你才能过上想要的生活。

我们每个人来到这个世界，我们所做的任何事，我们思考的任何问题，都应该使自己的生活变得更加美好和幸福。有句话叫作"越努力，越幸运"，我们就应该用"很努力"这样积极的人生态度来去面对自己的生活。

努力其实是一种状态，幸运其实是一种机遇，只有努力加上机遇等于成功。不过它的前提条件是努力，因为机会是留给有准备的人的。所以，你必须保持努力的状态，因为你不知道机会在什么时候就悄悄地来到你的身边。

生活中，面对困境，我们常常会有走投无路的感觉。但不要气馁，谁的青春不迷茫？坚持下去，要相信年轻的人生没有

绝路。困境在前方，希望在拐角，只要我们有了正确的思路，就一定能少走弯路，找到出路，最终迎来成功和幸福。

成语"闻鸡起舞"的故事出自《晋书·祖逖传》，它用来形容有志之士发愤努力的精神。讲的是晋代的祖逖和刘琨的故事：

祖逖一直是个胸怀坦荡、具有远大抱负的人。可他小时候却是个不爱读书的淘气孩子。进入青年时代，意识到自己知识贫乏，深感不读书无以报效国家，才发愤读起书来。他广泛阅读书籍，认真学习历史，从中汲取了丰富的知识，学问大有长进。他曾几次进出京都洛阳，人们都说，祖逖是个能辅佐帝王治理国家的人才。祖逖24岁时，曾有人推荐他去做官司，他没有答应，仍然不懈地努力读书。后来祖逖和好友刘琨一同担任司州主簿。他与刘琨感情深厚，不仅常常同床而卧，同被而眠，而且还有着共同的远大理想：建功立业，复兴晋国，成为国家的栋梁。

一天半夜里，祖逖在睡梦中听到公鸡的鸣叫声，他一脚把刘琨踢醒，对他说："别人都认为半夜听见鸡叫不吉利，我偏不这样想，咱们干脆以后听见鸡叫就起床练剑如何？"刘琨欣然同意。于是他们每天鸡叫后就起床练剑，剑光飞舞，剑声铿锵。冬去春来，寒来暑往，从不间断。功夫不负有心人，经过长期的刻苦学习和训练，他们终于成为能文能武的全才，既能写得一手好文章，又能带兵打胜仗。祖逖被封为镇西将军，实现了他报效国家的愿望；刘琨做了都督，兼管并、冀、幽三州的军事，也充分发挥了他的文才武略。

正是这样"闻鸡起舞"般的努力才帮助他们最终实现了儿时的梦想。有的年轻人会说，其实自己也一直很努力，但是为什么一直都达不到目标，实现不了理想呢？其实再扪心自问一下，你的努力也许只是看上去忙忙碌碌，却并没有真正为梦想付出过多少汗水。

有一个女大学生每次考英语四级都没有通过，觉得很纳闷，就去问她的英语老师原因。英语老师问她真题有没有做，单词有没有背。她便拿出已经翻破了的真题，说所有的题目连答案都记得，单词书也背了很多遍了，这么努力，为什么过不了。其实四级考试是难度不大的。据说每年通过率有将近百分之八十多，那些没过的百分之十几还包括了补考的和放弃复习很久的人。看着这个学生满满的笔记，老师心里也奇怪，看起来确实是很努力，可是为什么还不过。

很快，英语老师找到了这个女孩子无法通过的原因了。原来这个女孩上英语课总是逃课

因为她的事情特别多。女孩既是学生会主席，同时兼几个社团的团长，参加社团组织活动很积极，朋友也很多。可唯一没有时间独处。而学习英语过程是一个特别需要独处的过程，

你需要一个人读很多遍，安静地背许久才能印在大脑里。而她只是做了一遍真题，草草地对了一遍答案，然后冲出自习室继续做其他事情了。至于这套题，在她脑子里面只是留下来了"我这么努力地做了一套题"的意念，其余的，根本就记不得几个单词。就像她告诉很多人自己报了一个英语班，可是几乎从来没有上过课；就像她找很多人探讨过怎么学英语，但是，从来没有真正记住点什么。骗别人很容易，骗自己更容易，可是，骗这个世界的因果，有点难。

所有的努力，都不是给别人看的，所有的努力唯有真正到达了内心，变成了你的能力，才是真正有价值的努力。看起来每天熬夜，却只是拿着手机点了无数个赞；看起来起那么早去上课，却只是在课堂里补昨天晚上的觉；看起来在图书馆坐了一天，却真的只是坐了一天；看起来去了健身房，却只是在和帅哥美女搭讪，这样并不是真正的努力。

你的生活，和别人看你的生活，是否是一样的；那些所谓的努力时光，是真的头脑风暴了，还是只是看起来很努力而已，只有自己心里其实最清楚。让自己真的努力起来，你才能过上想要的生活。

没有谁能给你所想的生活，也没有谁能拦得住你的努力

越努力越幸运。唯有努力方得机遇，唯有努力方能成功，这是亘古不变的法则。过去是，现在是，将来也一定是。

有句话是这样说的：只有苦难才能铸就辉煌，越努力越幸运。

我非常欣赏这句话，因而需要年轻的你，也仔细揣摩一下。

也许你会认为，能力真正强的人真是少之又少。大多数新人不过都只有三成功力，面对从未做过的事，有的人敢扛敢上，好像自己有五成功力，事情一旦完成，起码有了七成功力。而剩下的人就会说，你看他们本来就很厉害。其实不是，一开始我们都一样，无非是少了点不怕死和敢拼搏的心罢了。

所以，你要趁年轻时好好奋斗，这样你的人生是选择题。如果不努力奋斗，那你的人生就只能是填空题。要想清楚你将来是要做填空题还是选择题。唯有努力方得机遇，唯有努力方

能成功，这是亘古不变的法则。过去是，现在是，将来也一定是。

　　肯德基现在早已遍布中国的各个城市，几乎所有人都品尝过肯德基里的各样食品。大家都知道，肯德基作为一个快餐连锁品牌店非常成功，但是或许没有人知道，肯德基创立背后的故事有多么的艰辛与不易。上帝只是延迟了给这个人的奖赏，但幸好并没有拒绝兑现。

　　这个命运多舛的人叫哈兰·山德士，肯德基的创始人。如今，他的炸鸡风靡全球，在世界上拥有 15000 多家连锁店。但是他真的是经过了一生的努力，直到他 88 岁时，他才真正拥有了自己的事业。

　　山德士出生在美国印第安纳州的一个普通农户家，6 岁那年，父亲不幸去世，留下母亲和他们兄妹三人。为了维持生计，母亲早出晚归，四处揽活，基本上没时间照顾他们。作为长子，他十分懂事，主动承担起照顾弟弟、妹妹的责任。

　　12 岁那年，母亲不堪生活的重负，带着他们改嫁了。然而，他和继父的关系却处得不是很融洽。他时常有一种身在别人屋檐下的感觉，所以决心自立，靠自己勤劳的双手去改变命运。小学还未毕业，他就辍学了，在一家农场找了一份零工做。

　　在农场，他一干就是好几年。其间，他也从一个小孩长成了一个大人。长大后，他渐渐意识到，农场的工作没有什么前途可言，不见天日的劳作仅能解决自己的温饱问题，根本无法改变自己的命运。

他后来又做了粉刷工、消防员，也卖过保险，当过兵，做过治安官……可以说能够做的工作，他都一一尝试了一番。但他仍然没有找到一份适合自己的工作。转眼间，他已步入不惑之年。回眸这四十年，他惶恐地发现，自己一事无成。然而，生活的磨难并没有让他退缩，反而更加坚定了他的决心。短暂的痛苦后，他又继续寻找着属于自己的那片天空。不久，他在肯塔基州开了一个加油站，加油站的生意还不错，每天都有很多的客人，他由衷地高兴，眼里又看到了希望。

在开加油站期间，每每看到那些历经长途跋涉，饿得饥肠辘辘的司机时，他就常常邀请他们一同进餐。那些司机对他做的美食赞不绝口，尤其是他做的炸鸡，味道十分鲜美。这突然让他有了一种想法，为何不准备一些方便食品，来满足这些司机的需求呢？况且自己的烹饪技术还不错。说干就干，他在自己的加油站旁卖起了炸鸡。

起初，人们只是来加油时买上一两块炸鸡，但随后客人们发现这儿的炸鸡口味非常独特，就介绍自己的亲戚朋友来买。没过多久，他的炸鸡店就火爆起来，生意出乎意料地好，收入竟超过了加油站。他的炸鸡很快传遍了整个肯塔基州，于是人们纷纷来到他的加油站，有的甚至不是为了加油，而专程来品尝他的炸鸡。

由于顾客剧增，他只好在马路对面买了一块地，专门投资修建了一个可容纳一百五十多人的快餐店，当然其中的主打食品还是炸鸡。这家快餐店就是风靡全球，在世界上拥有15000多家连锁店的肯德基。

年轻的你，一定要明白，只有你可以给自己想要的生活；只要你认定一个目标，勇敢地走下去，你早晚会迈进成功的殿堂。因为，这世界没有谁能给你所想的生活，也没有谁能拦住你的努力，你的一切真正享有决定权的是你自己。